Bernd Wieland (Hrsg.)
Deutsche Sportwagenklassiker

Bernd Wieland

Deutsche Sportwagen-Klassiker

Motor Klassik

Motor buch Verlag

Einbandgestaltung: Andreas Pflaum

Bildnachweis: Archiv Motor Klassik; Achim Hartmann, Thomas Dirk Heere, Frank Herzog, Uli Jooß, Reinhard Mutschler, Jörg Künstle, Reinhard Schmid, H. D. Seufert, Michel de Vries, Stefan Wolf

ISBN 3-613-02110-2

1. Auflage 2001

Lektorat: Joachim Kuch
Innengestaltung: Marit Wolff
Reproduktionen: Fotolito Longo AG, I–39100 Bozen
Druck und Bindung: Fotolito Longo AG, I–39100 Bozen
Printed in Italy

Inhaltsverzeichnis

Vorwort

▶ Bernd Wieland

Mythen und Legenden ranken sich um die Sportwagen, die als Ikonen in die Geschichte des deutschen Automobilbaus eingingen. Da sind die weißen Elefanten vom Schlag eines Mercedes SSK, die mit ihren schreienden Kompressoren alle Konkurrenten in Grund und Boden fuhren. Da ist der legendäre Flügeltürer-Mercedes, der so hinreissend schön ist, als wäre damals ein Engel mit dem Zeichenstift durchs Designstudio geschwebt.

Es sind Boliden vom Schlag eines Porsche turbo, der beim Einsetzen des Laders Glückshormone bei jedem Piloten freisetzt, und es sind historisch bedeutsame Modelle wie der Porsche Speedster, der durch James Dean zur Legende auf Rädern wurde.

In diesem Buch habe ich die schönsten Sportwagen-Geschichten aus dem Oldtimermagazin Motor Klassik zusammengetragen, angereichert mit vielen neuen Bildern und aktualisierten Daten. Es sind Geschichten, die von Sportwagenkarrieren erzählen wie die des berühmten Porsche 911, der Jahrzehnte lang die Rennstrecken dominierte und bis heute im Programm ist. Als Synthese aus Fahrspaß und Alltagstauglichkeit ist der Elfer bis heute ungeschlagen. Er ist das Urmeter sportlichen Fahrvergnügens, an dem jeder Neuling dieser Art immer noch gemessen wird.

Doch nicht nur von den Supersportlern handelt dieser Band, sondern auch von den nicht minder interessanten kleinen Rennern, die wegen ihrer eleganten Linie begeistert haben wie der Glas 1700 GT oder wegen ihrer Technik faszinierten wie der bahnbrechende NSU Wankel-Spider oder der allradgetriebene Audi Quattro. Auch dem VW Golf GTI, der das Thema Sportlichkeit in der Volksseele implantierte und deshalb heute als Klassiker gilt, ist ein Kapitel gewidmet.

Ob GTI oder SSK, in den deutschen Sportwagenklassikern verdichtet sich Tradition und Geschichte. Sie wirken in der heutigen Zeit wie ein Fels in der Brandung, an dem modische Trends abperlen wie Wassertropfen. Ein historischer Sportwagen wirkt nicht modisch und um Effekt bemüht, sondern selbstverständlich und echt. Und das unterscheidet ihn von einem modernen Auto: Die Technik lässt sich noch durchschauen und verstehen.

Was bei neuen Autos eher selten ist, bietet der Sportwagenklassiker reichlich: Ein Lenkrad aus Holz, Speichenräder, einen Schaltknauf aus Bakelit, ein Armaturenbrett aus Blech oder Instrumenteneinfassungen aus Chrom schmeicheln dem Auge weit mehr als die uniforme Plastiklandschaft von heute.

Auch die Bezeichnung »Sportwagen« hat ihre Geschichte: Sie entstand, als für den Rennsport entwickelte Modelle durch den Anbau von Kotflügeln und Scheinwerfern straßentauglich gemacht wurden. Dazu gehörten gute Fahrleistungen ebenso wie Agilität und sichere Fahreigenschaften. Es war kurz nach dem ersten Weltkrieg, als sie erstmals zum Verkauf angeboten wurden.

Und sie verkörperten das, was einen echten Sportwagen allem voran auszeichnet: pure Freude am Fahren.

1928 – 1972

Mercedes SSK, BMW 328, Mercedes 300 SL, Porsche 911 Carrera RS

Die glorreichen Vier

Eine Zeitreise mit vier großen deutschen Sportwagen und vier vitalen Sechszylindern an den Gardasee.

▶ **In der Galerie der Gardesana spielt der Mercedes sein Kompressor-Konzert.**

Das Treffen der großen Vier unter dem blauen Winterhimmel Norditaliens war nicht nur eine Flucht aus deutscher Kälte; es war vielmehr noch eine Rückkehr in die Regionen glorreicher Vergangenheit.

Ganz dicht beim Gardasee zu Brescia hatte am 13. April 1931 Rudolf Caracciola mit einem Mercedes SSKL die fünfte aller Mille Miglia gegen eine Übermacht italienischer Teams gewonnen und damit den großen deutschen Sportwagen ein erstes Denkmal gesetzt.

Neun Jahre später schreibt der BMW 328 in dieser Gegend das zweite Ruhmesblatt der deutschen Sportwagen. Fritz Huschke Sittig Enno von Hanstein und Walter Bäumer gewinnen am 28. April 1940 mit dem 10. Gran Premio di Brescia delle Mille Miglia auf dem Dreieckskurs Brescia-Cremona-Mantua-Brescia die kompakte Version des Klassikers in Kriegszeiten.

Und wieder 15 Jahre später findet in Brescia der dritte Akt einer Triumph-Aufführung der Geschichte deutscher Sportwagen statt. Nach einer beispiellosen Erfolgsserie, die 1952 mit einem zweiten Platz bei der Mille Miglia beginnt, gewinnen Stirling Moss und Copilot Dennis Jenkinson am 1. Mai 1955 Italiens Straßenklassiker mit einem Mercedes 300 SLR zum zweiten Mal für Mercedes.

Acht Jahre später beginnt im September 1963 die Karriere des erfolgreichsten unter den großen deutschen Sportwagen. Der Porsche 901 – so hieß er ursprünglich – wird auf der IAA vorgestellt. Heute, 30 Jahre später, ist der 911 in alter Frische unter uns und lässt uns wissen, dass seine Unsterblichkeit von besonderer Art ist. Denn er war ganz im Gegensatz zu seinen drei Kollegen fruchtbar, und er mehrte sich auf mittlerweile eine Million Exemplare. Die Tradition des Sechszylinders als wahrer deutscher Sportwagenmotor feiert im 911 gerade ihr 70. Jubiläum. Der Elfer gewann mehr Wettbewerbe als je ein anderes Auto. Nur ein Rennen durfte er nie gewinnen: die Mille Miglia, denn die tobte seit 1957 nicht mehr über Italiens Straßen.

Aber ein Porsche aus der gigantomanischen Epoche des Meisters hatte das ja längst geschafft. Als Technischer Direktor der Daimler Motoren Gesellschaft beantwortete Ferdinand Porsche den Wunsch des Vorstands nach einem gediegenen Automobil der Oberklasse mit einem notfalls reisetauglichen Rennsportwagen.

Bei seiner Konstruktion betrachtete der Motorenbauer Porsche das Chassis nur als Sockel für ein Monument mit sechs Zylindern. Die aber setzten in der Tat dem Hubraum und der Leistung ein frühes und gigantisches

Historie Mercedes SSK

1926
Produktionsstart Mercedes S; 6,8 Liter, 120/180 PS.

1927
Caracciola gewinnt das erste Rennen auf dem Nürburgring mit einem Mercedes SS.

1928
Produktionsbeginn Mercedes SS und SSK (mit kurzem Radstand); 7,07 Liter, 170/225 PS.

1929
Neuer SSK mit 180/250 PS.

1930
Einzelfertigung des SSKL mit 240/300 PS.

1931
Rudolf Caracciola gewinnt die Mille Miglia.

1932
Manfred von Brauchitsch gewinnt das Avus-Rennen mit einem Durchschnitt von 194,2 km/h.

Die Popularität des SSK führte weltweit zu einer nachträglichen Vermehrung durch Kürzung des viersitzigen SS von 3400 auf 2950 mm Radstand zum Zweisitzer SSK. Auch das Sinsheimer Museum erwarb seinen Mercedes in verkürzter Form mit einem Radstand, der den des Original-SSK um 15 mm übertrifft.

Denkmal. Beim Mercedes SSK ergeben sechsmal 100 Millimeter Bohrung und 150 Millimeter Hub 7065 cm^3 Hubraum. 180 PS Leistung gibt der Monstermotor schon ohne Kompressor ab, 250 werden es mit Aufladung. Im SSKL kam die Maschine, vom Elefantenkompressor unter Druck gesetzt, sogar auf 300 PS.

Die Fahrt mit einem dieser alten Kraftwerke, wie es das Museum Sinsheim bereitstellte, begleitet stets die Werbebotschaft, dass ein gebrauchter Kompressor-Mercedes ein Millonending ist. Damit sind die Fahreigenschaften kein Fall mehr für zwei Starrachsen und vier Blattfedern, sondern eine Angelegenheit der persönlichen Verant-

▶ Mercedes SSK mit seiner meterlangen Motorhaube auf einer Schotterpiste der frühen Jahre.

Der Sechszylinder des Mercedes SSK hat 7065 cm^3, 180 PS ohne und 250 PS mit Kompressor, das maximale Drehmoment erreicht 560 Newtonmeter. Das Kurbelgehäuse besteht aus Aluminium, Zylinderblock und -kopf sind aus Grauguss, die zwölf Ventile werden von einer obenliegenden Nockenwelle über Schlepphebel betätigt. Der zuschaltbare Kompressor steht vor dem Motor und drückt 0,83 bar in die zwei Vergaser.

HD ZP 808

HD ZP 808

Der BMW 328 war das Idealmaß eines Roadsters in den dreißiger Jahren. Er war stark, klein, leicht und einfach.

wortung. Der weite Bremsweg von vier mechanisch betätigten Trommeln verlängert die Voraussicht bis an den Horizont.

Im Umgang mit der Kraft des Motors ist konzentrierte Behutsamkeit angesagt. Das Gaspedal ist dort, wo andere Autos ihre Bremse haben. Kenner glauben, dass die Seltenheit der frühen S-Mercedes auch damit zusammenhängt.

Die Berührung des mittleren Pedals, das erst die Drosselklappen öffnet und gegen Ende seines Weges den Kompressor zuschaltet, hat ungeahnte Folgen. Ein Erdbeben

Historie BMW 328

1936
Ernst Henne gewinnt mit einem Prototyp des BMW 328 das Eifelrennen auf dem Nürburgring.

1937
Produktionsstart des BMW 328 mit 2,0 Litern, 80 PS.

1938
Klassensiege des BMW 328 bei den 24 Stunden von Spa-Francorchamps und der Mille Miglia.

1939
Klassensieg bei den 24 Stunden von Le Mans mit einem Coupé Superleggera von Touring in Mailand.

1940
Gesamtsieg durch von Hanstein und Bäumer beim 10. Gran Premio di Brescia delle Mille Miglia mit dem oben genannten Touring-Coupé.

1947
Bristol in England produziert den Motor des BMW 328 in Lizenz, baut ihn in eigene Fahrzeuge ein und liefert ihn an AC, Cooper, Lister und Frazer-Nash.

1954
Archie Scott Brown gewinnt mit einem Lister die Zweiliter-Klasse bei den 24 Stunden von Le Mans.

▶ **Der Sechszylinder des BMW 328 hat 1971 cm³ und 80 PS. Der Motorblock besteht aus Grauguss. Der Leichtmetall-Zylinderkopf hat hemisphärische Brennräume und V-förmig angeordnete Ventile. Die drei Fallstromvergaser, die in senkrechte, strömungsgünstige Ansaugkanäle münden, sind das Markenzeichen eines Motors, dessen Potenzial bis 140 PS reichte.**

scheint im Chassis auszubrechen, und die Trompeten von Jericho waren sicher ein Kammerkonzert gegen das, was aus dem offenen Auspuff kommt. Ihre große Arie spielen die klassischen Motoren von Mercedes erst, wenn der Kompressor ins Orchester brüllt. Es ist ein Schrei, den es auf dieser Welt nur einmal gibt, ebenso fürchterlich wie suchterregend, denn wer ihn jemals hörte, braucht ihn immer wieder.

Die Eleganz der glatten Scheibenräder mit Zentralverschluss bedeckt die Schwachstelle des BMW 328: die sanft verzögernden Trommelbremsen.

Hinter der Beschleunigung, die diesem Brüllen folgt, liegt je nach Größe des Kompressors die Wucht von 570 bis 700 Newtonmeter Drehmoment. Dagegen gibt im Spurt manch ein modernes Auto auf und manchmal auch die Kardanwelle.

Der Mercedes SSK ist von den Klassikern die größte und teuerste Herausforderung. Wie sehr müssen wir da Rudolf Caracciola beneiden, er konnte solche Autos perfekt und gratis fahren.

Der BMW 328 Roadster kommt mit stolzen 60 Jahren zu seinem Jubiläum und kein bisschen leise in das Quartett. Er gab sein siegreiches Debüt im Olympia-Jahr 1936 beim Eifelrennen, das Ernst Henne – hauptberuflich Mercedes-Grand Prix-Fahrer – mit einem Prototyp des schlanken BMW gewann. Stilistisch ist der Serien-Roadster ein Vertreter jener klassischen Linie, die Morgan bis in unsere Zeit gerettet hat. Der glorreiche Sieger der Mille Miglia light von 1940 war mit seiner aerodynamischen Form um Jahrzehnte weiter.

Wo das unendliche Erfolgsgeheimnis des BMW 328 steckte, verrät er uns heute noch auf sehr verführerische Weise. Den Druck auf den Starterknopf beantwortet der zwei Liter kleine Sechszylinder mit einem wundervollen und melodiösen Dezi-Bellen. Und anschließend moduliert der Motor sein Drehzahlband als eine, wie es scheinen will, unendliche Tonleiter voll zauberhafter Fülle und Harmonie. Die sechs Zylinder intonieren ein Geräusch, das man gegen alle Lärmverordnungen der Welt in voller Stärke unter Naturschutz stellen sollte.

Das mathematische Produkt aus 80 PS Leistung und 830 Kilo Gewicht ist ein bis auf den heutigen Tag erfrischendes Temperament. Und dieses Spiel mit der Kraft wird zum Genuss ohne Mühe, denn der 328 von gestern schaltet sich durch seine vier Gänge fast so perfekt wie ein 328 von heute. Aber da hat die Abteilung Mobile Tradition bei BMW zum Wohle von Mensch und Mechanik etwas gemogelt, denn in dem Vorführauto steckt statt des kaum ersetzlichen Originals eine Box von Volvo.

Der Kofferraum des BMW 328 nimmt das Verdeck auf, er ist nur vom Cockpit aus zugänglich und nicht abschließbar.

Das Fahrwerk im besten Stil der dreißiger Jahre mit Einzelradaufhängung vorn und starrer Achse hinten krönt eine unverhofft präzise, doch sehr direkte Zahnstangenlenkung, die etwas Zielgenauigkeit erfordert.
Zwar mutet uns das Cockpit zu, zwischen dem großen Lenkrad und der mageren Rücklehne wie im Schraubstock eingespannt zu sitzen. Aber wenn der Roadster uns dann mit seiner spielerischen Art verwöhnt, auf Lenkeinschläge flink zu reagieren, beschämt der alte BMW 328 seinen jungen amerikanischen Kollegen BMW Z3 auf gut bayerisch als einen gwamperten Hund, der sich 300 Kilo Luxus angefressen hat.
Wer den BMW 328 Roadster mit der nötigen Sensibilität fährt, bekommt wortlos die perfekte Antwort auf die Frage, warum manche Menschen sich mit teuren alten Autos plagen, statt die vergleichsweise preiswerten Wohltaten der modernen Technik zu genießen.
Der Mercedes 300 SL mit den Flügeltüren hat wenig zu tun mit den Autos, die vor vier Jahrzehnten unter diesem Namen glorreich siegten. Denn das waren zu guter Letzt in etwas mehr Alublech verpackte Formel 1-Weltmeister mit Achtzylindermotoren, die aus drei Litern fast jene 300 PS gewannen, für die der Mercedes SSK noch sieben Liter und den Elefantenlader brauchte. Der ganz normale 300 SL war kein solcher Held, sondern ein Traum.
Er war unendlich schön, er ist unendlich schön. Er steht zwischen den Mercedes seiner Zeit und anderer Epochen wie ein wundersamer stilistischer Zufall. Es scheint, als sei ein Engel mit dem Zeichenstift durchs Studio geschwebt.
Der 300 SL ist unbedingt das Auto, in dem man gern gesehen wird, weil man dann zwangsläufig für reich und

Der Sechszylinder des Mercedes 300 SL hat 2996 cm³, 215 PS und ein Drehmoment von 275 Newtonmeter. Der Zylinderblock besteht im Flügeltürer aus Gusseisen. Im Leichtmetall-Zylinderkopf rotiert eine Nockenwelle. Das Besondere am SL-Motor: die Direkteinspritzung (links).

Historie Mercedes 300 SL

1952
Prototypen des 300 SL starten bei der Mille Miglia: 2. Platz für Karl Kling. Die 24 Stunden von Le Mans gewinnen Hermann Lang und Fritz Riess. Carrera Panamericana in Mexiko: 1. Platz Karl Kling, 2. Platz Hermann Lang.

1954
Die Serienproduktion des 300 SL beginnt. Die Motordaten bleiben bis 1962 unverändert: drei Liter Hubraum und 215 PS.

1955
Der Mercedes 300 SLR mit dem Achtzylinder-Rennmotor (3,0 Liter Hubraum, 302 PS) kommt zum Einsatz. Er gewinnt die Sportwagen-Weltmeisterschaft, und Stirling Moss feiert seinen Sieg in Rekordzeit bei der Mille Miglia.

1957
Das 300 SL Coupé mit Flügeltüren wird vom 300 SL Roadster mit Stoffdach und Hardtop abgelöst.

schön gehalten wird, obwohl ein Gullwing wieder unter einer halben Million Mark zu haben ist.
Die andere Seite der Realität ist, dass jedermann den Untrainierten daran erkennt, dass er nicht engelsgleich durch die Flügeltüren in das Cockpit schwebt. Ein ganz normaler Mensch schlieft in den SL wie ein Hamster in den Bau. Was er dann sieht, ist herrlich wie das Äußere. Das Armaturenbrett ist eine chromgefasste Pracht edler Instrumente. Die sanfte Kühle des oberitalienischen Winters hält die Tatsache geheim, dass der Flügeltürer in der Hitze des Sommers ein Höllenofen ist. Eines allerdings lässt sich im gemischten Verkehr der norditalieni-

schen Straßen absolut nicht verheimlichen: Der Vater aller SL ist ein Auto mit zwei Gesichtern. Bis zu einer Drehzahl von 4000 Touren ist er ein ganz normales Auto, dessen straßenbahnhaftes Getriebeheulen schon etwas Toleranz erfordert. Jenseits der 4000 Touren verschwindet das Gewimmer im Belcanto eines Sechszylinders, der nun den 300 SL zu dem macht, was ein Sportwagen mit 215 PS schon damals war: das höchste der Gefühle. Das bleibt ein 300 SL bis heute, wenn der Respekt vor seinem Wert die heimtückische Heckschleuder-Reaktion

der Zweigelenk-Pendelachse nicht aus dem Hinterhalt lockt und die vier Trommelbremsen auf keine ernste Probe stellt.

Mit dem vorerst letzten Wahrer der Sechszylinder-Tradition soll unsere Reise in die Vergangenheit enden. Das

▶ Die Flügeltüren des 300 SL blieben die genialste Idee der Mercedes-Stylisten (unten).

▶ Das Rad der frühen Jahre: Stahlblech und schmale Reifen (unten).

S-EC 1652
S-DR 2000

Historie Porsche 911

1963
Vorstellung als 901 auf der IAA in Frankfurt.

1964
Produktionsbeginn des ersten 911 mit 2,0 Liter Hubraum und 130 PS.

1966
Einführung Porsche 911 S mit gleichem Hubraum und 160 PS.

1969
Waldegaard gewinnt die Rallye Monte Carlo vor Larrousse, beide 911 S. Vergrößerung der Motoren auf 2,2 Liter, drei Leistungsvarianten: 110/140/180 PS.

1970
Waldegaard ist Gewinner der Rallye Monte Carlo vor Larrousse, beide 911 S.

1971
Vergrößerung der Motoren auf 2,4 Liter sowie erster Einsatz einer Bosch-Saugrohreinspritzung, drei Leistungsvarianten: 130/165/190 PS.

1972
Präsentation des Carrera RS 2,7.

1973
Einführung der 2,7 Liter-Motoren mit 150/175 PS. Klassensieg und Indexsieg in Le Mans durch Keller/Krämer/Schickentanz auf Carrera RS.

Kraft und Herrlichkeit: Die glorreichen Vier unter norditalienischer Wintersonne.

S-EC 1652
M-HU 4804

Offen und herrlich: Meilensteine deutscher Automobilbaukunst im Mutterland aller Sportwagen.

Der Heckmotor überlebte nur im Porsche 911 und lange im VW Käfer.

Die Karosserie des 911 zeigt beim Carrera RS 2,7 erstmals Leichtbauteile. Hauben und Stoßstangen sind aus Kunststoff, die Türen aus Aluminium.

Auto ist einer von den letzten alten Wilden, ein Carrera 911 RS von 1973, die magere Wettbewerbsausführung zu 960 Kilogramm, ein rares, aber lautes Stück, das sich nur 200 Kunden zugemutet haben. Schon der erste Dreh am Zündschlüssel macht klar, warum: Im Heck steckt ein richtig böser Boxer. 2,7 Liter Hubraum, sechs Zylinder und 210 PS brüllen schon bei einem ersten zarten Tritt aufs Gaspedal völlig ungedämpft in das kahle Sportwagen-Cockpit.

Bis 4000 Touren ist der Boxer trotz der Lautstärke noch nicht bei voller Schlagkraft, dann explodiert er bis zum Fortissimo bei Siebenfünf, wo der rote Bereich des Drehzahlmessers zum Schalten mahnt.

Korrekt durchgeschaltet zwischen Drehmomentgipfel und Drehzahllimit, zündet der Carrera mit der schrill beschrifteten Flanke und dem Entenbürzel eine Leistungsexplosion in jedem Gang. Er ist eine fünfschüssige Kanone, die beim Beschleunigen selbst jüngere Turbos mit Verachtung straft. Vom Fahrwerk her ist der Carrera RS die Härte selbst, ein korrekter Sammler der kleinsten Bodenwellen und ein objektiver Übermittler der groben Unregelmäßigkeiten im Asphalt.

Den Geradeauslauf überlässt der Porsche gerne der Geschicklichkeit des Fahrers. Und wenn der Pilot Mut zeigt in der Kurve, dann ist es vorteilhaft für das Auto, wenn er das Gegenlenken gut beherrscht.

Der Youngtimer Carrera RS zeigt uns nur zu deutlich, was wir verloren haben auf unserer Suche nach der Perfektion, ein Sportwagen, der ins Blut geht, statt seine Passagiere limousinenhaft auf 1000 Meilen-Touren flauschig zu transportieren.

Text: Clauspeter Becker
Fotos: H. D. Seufert

Daten und Fakten

Mercedes SSK

Motor
Sechszylinder-Reihenmotor, Bohrung x Hub 100 x 150 mm, Hubraum 7065 cm^3, Leistung 250 PS bei 3300/min, max. Drehmoment 560 Nm bei 1900/min

Kraftübertragung
Vierganggetriebe, vorne Starrachse mit Blattfedern, Hebelstoßdämpfer

Maße/Gewicht
Radstand/Länge 2950/4250 mm, Breite/Höhe 1700/1725 mm, Gewicht 1700 kg

Fahrleistungen
Höchstgeschwindigkeit 192 km/h

Präsentation/Stückzahl
1928/542

BMW 328

Motor
Sechszylinder-Reihenmotor, Bohrung x Hub 86 x 96 mm, Hubraum 1971 cm^3, Leistung 80 PS bei 5000/min, max. Drehmoment keine Angaben

Kraftübertragung
Vierganggetriebe

Fahrwerk
vorne Einzelradaufhängung, Querblattfeder und Querlenker, hinten Starrachse mit Blattfedern, Teleskop-Stoßdämpfer

Maße/Gewicht
Radstand/Länge 2400/3900 mm, Breite/Höhe 1550/1400 mm, Gewicht 830 kg

Fahrleistungen
Höchstgeschwindigkeit 150 km/h

Präsentation/Stückzahl
1936/464

Mercedes 300 SL

Motor
Sechszylinder-Reihenmotor, Bohrung x Hub 85 x 88 mm, Hubraum 2996 cm^3, Leistung 215 PS bei 5800/min, max. Drehmoment 275 Nm bei 4600

Kraftübertragung
Vierganggetriebe

Fahrwerk
vorne Einzelradaufhängung, Doppelquerlenker, Schraubenfedern, hinten Zweigelenk-Pendelachse mit Schraubenfedern, Teleskop-Stoßdämpfer

Maße/Gewicht
Radstand/Länge 2400/4570 mm, Breite/Höhe 1790/1300 mm, Gewicht 1555 kg

Fahrleistungen
Höchstgeschwindigkeit 250 km/h

Präsentation/Stückzahl
1954/1400

Porsche 911 Carrera RS

Motor
Sechszylinder-Reihenmotor, Bohrung x Hub 90 x 70,4 mm, Hubraum 2687 cm^3, Leistung 210 PS bei 6300/min, max. Drehmoment 255 Nm bei 5100/min

Kraftübertragung
Fünfganggetriebe

Fahrwerk
vorne Einzelradaufhängung an Querlenkern, Drehstabfedern, Dämpferbeine, hinten Schräglenker, Drehstabfedern Teleskop-Stoßdämpfer

Maße/Gewicht
Radstand/Länge 2271/4102 mm, Breite/Höhe 1610/1320 mm, Gewicht 960 kg

Fahrleistungen
Höchstgeschwindigkeit 240 km/h

Präsentation/Stückzahl
1972/200 (Sportversion)

1936

Mercedes 540 K

Der blaue Reiter

▶ *Als der offene Viersitzer auf dem Pariser Salon 1936 präsentiert wurde, überzeugte er nicht nur durch seine kunstvoll geformte Karosserie. Der Kompressor machte den 540 K zu einem der schnellsten Serienwagen der Welt.*

▶ **Der Mercedes 540 K markierte damals die Spitze deutscher Automobilbaukunst.**

3636

Der Opel Super 6 hatte eine Spitze von 118, der Hanomag Sturm lief 112. Und der kleine DKW schaffte gerade 85. Da war es kaum übertrieben, dass die Mercedes-Werbetexter 1936 formulierten: »Unerhörte Schnelligkeit und wunderbare Schönheit machen den 540 K zum vollkommenen Wagen der schwersten internationalen Klasse.« 170 km/h lief das 2,3 Tonnen schwere Cabriolet – nur wenige Renn- und Sportwagen waren schneller. Die Spitze markierte der 540 K auch im Preis. Mit 22 000 Reichsmark stand das große Cabriolet in der Liste – zu einer Zeit, als ein kleiner Angestellter im Monat 280 Mark verdiente. Gemeinsam hatten die 540 K-Kunden allein die flüssigen Mittel – ansonsten waren sie von gänzlich verschieden Couleur. Die Braunen bestellten sich den 540 K grundsätzlich in Schwarz, farbfreudig gab sich die internationale Prominenz: Prinz Gustav von Schweden etwa ließ die geschwungenen Kotflügel in Mattsilber absetzen, Rudolf Caracciola bestellte sein Cabriolet in Knallrot. Werner von Siemens ließ seinen 540 in Fischsilber lackieren, Professor Sauerbruch schätzte dagegen dezentes Grau.
Jeden ausgelieferten 540 K haben die Mercedes-Verkäufer festgehalten – im berühmten, metallbeschlagenen »Eisenbuch«, das Mercedes-Benz-Classic-Chef Max-Gerrit von Pein im Keller des Mercedes-Museums unter Verschluss hält. Zu den berühmtesten dokumentierten Käufern zählt Kronprinz Wilhelm von Preußen – sein 540 K trug dasselbe Blau wie das Exemplar, das Wolfgang Mehne vom Classic Car Center in Korntal-Münchingen einem nicht weniger besuchten Kundenkreis im Jahr 1997 zum Verkauf anbot. Für rund 800 000 Mark wird ein guterhaltenes 540 K Cabriolet B heute gehandelt, das 36fache des ehemaligen Neupreises.
Wie eine Tresortür öffnet sich der schwere Schlag, der sich von innen durch einen 30 Zentimeter langen, holzbelegten Innengriff wieder zuziehen lässt. Vor dem Fahrer ragt ein riesiges weißes Bakelit-Lenkrad aus einem hölzernen Armaturenbrett, das den bis 220 km/h reichenden Tacho beherbergt. Mit 81 004 Original-Kilometern, die das 1939 ursprünglich nach Helsinki verkaufte Exemplar hinter sich hat, ist der 540 K von Wolfgang Mehne gerade eingefahren.
Der Anlassvorgang ist simpel, wie die Original-Betriebsanleitung verrät: das Umschaltventil in der Kraftstoffleitung zum Vergaser auf »Normal« drehen, die Zündung durch den Schalter am Lenkradschloss einschalten, den »Start«-Knopf ziehen und den Druckknopf am Armaturenbrett betätigen – nach kurzem Durchdrehen des Anlassers schnurrt der Reihenachtzvlinder los.
Der Motor surrt im Leerlauf mit 700 Touren so leise, dass er bei etwas Umgebungslärm fast nicht zu hören ist. Während sich der Motor aufwärmt, bleibt Zeit zum Betrachten der funktionalen Details: der hölzerne Fuß des Aschenbechers etwa, der gleichzeitig auf seiner Unter-

Historie

1936

Im Oktober 1936 debütierte der 540 K auf dem Pariser Salon. Als Baumuster-Code wurde weiter die Bezeichnung W 29 verwendet, die vom 500 K übernommen wurde, Den 540 K gab es in sieben Karosserievarianten: als Fünfsitzer waren der geschlossene Innenlenker, das Cabriolet B und der offene Tourenwagen konzipiert. Das Sport-Coupé und der Sport-Roadster boten Platz für drei Personen, das Cabriolet A offerierte noch einen Quersitz im Fond. Beim Kombinations-Coupé konnte das feste Dach im Sommer gegen ein Stoffverdeck ausgetauscht werden, Die Preise lagen einheitlich bei 22 000 Reichsmark – mit Ausnahme des Sport-(Spezial-) Roadsters für 28 000 Reichsmark.

1943

Bis 1943 wurden vom 540 K insgesamt 419 Exemplare hergestellt. Zwar wurde an Nachfolge-Modellen wie dem W 157 mit Zwölfzylinder-Motor gearbeitet, doch kamen diese wegen des Kriegs nicht zum Einsatz.

▶ Über dem Heck türmt sich das zurückgeschlagene Verdeck.

seite eine Innenleuchte beherbergt, oder der solide Drehgriff in der Mitte des Armaturenbretts, mit dem sich die Frontscheibe zur sommerlichen Belüftung stufenlos kippen lässt. Alles wirkt durchdacht und lässt sich einfach bedienen.

Weniger simpel war dagegen die Wartung – einer der Gründe, warum Wagen wie der 540 K selten über große Distanzen bewegt wurden. »Wer soviel Geld hatte«, sagt Max-Gerrit von Pein, »tat sich keine beschwerliche Reise im Auto an. Er fuhr erster Klasse im Salonwagen der Eisenbahn, während der Chauffeur das Auto an den Zielort brachte.«

Der Fahrer musste dabei einiges beachten: »Alle 100 Kilometer die Zentralschmierung durch zwei kurze kräftige Stöße betätigen!« fordert die Servicetabelle. Nach 1500 Kilometern ist ein größerer Check fällig: »Öl aus der Kurbelwanne ablassen und ersetzen! Fettbüchsen an Verteiler, Windrad und Wasserpumpe nachziehen! Fußbremshebel schmieren! Füllung des Bremsölbehälters prüfen und ergänzen! Gestänge vom Beschleunigerfußhebel zum Vergaser schmieren, auch zum Kompressor!«

Kompressor. Kaum ein anderer Begriff hat zeitgenössische Mercedes-Kunden so verzaubert wie die mechanische

Mit einem filigranen Hebel wird der Zündzeitpunkt verstellt (links).

Zwei große Haupt- und ein Zusatzscheinwerfer an der Front (unten).

▶ **Das verchromte Gehäuse des Frontscheinwerfers wirkt wie ein großer Spiegel.**

▶ **Aus dem vollen geschnitzt: prächtiges Armaturenbrett.**

Aufladung, die von den Brüdern Francis und Philander Roots schon 1860 zum Patent angemeldet wurde – zunächst nur, um eine Wasserturbine der väterlichen Spinnerei in Connersville im Bundesstaat Indiana anzutreiben.

»Durch den Kompressor hat man eigentlich einen gediegenen Reise- und einen rasanten Sportwagen in einem«, schrieb ein englischer 540-Pilot an die britische Daimler-Benz-Niederlassung. Der 540 K hat die Charakteristik eines Jekyll und Hyde: Das kultivierte Schnurren des Motors wird jäh von einem schauerlich-schönen, lauten Kreischen übertönt, wenn das Gaspedal über den Anschlag hinaus durchgetreten und das Roots-Zweiflügelgebläse eingeschaltet wird.

Der Kompressor steigert die Leistung schlagartig um 56 Prozent von 115 auf 180 PS. Um den Motor nicht zu ruinieren, warnt die Betriebsanleitung: »Der Kompressor soll niemals länger als eine Minute eingeschaltet bleiben.« Nicht jeder Fahrer hielt sich an die Vorschrift: »Der Caratsch ließ ihn länger laufen«, sagt der langjährige Daimler-Benz-Pressechef und Buchautor Günther Molter.

Der Kompressor-Boost, der an den Kickdown eines modernen Automatikgetriebes erinnert, war 1936 eine Sensation. »Verblüffend ist«, schrieb *Motor und Sport*, wie das Fahrzeug »beim Gasgeben unter einem förmlich wegschießt«.

Angetan waren die Tester auch von der damals unerwarteten Handlichkeit des von den Konstrukteuren Max Sailer und Fritz Nallinger entwickelten 2,3-Tonners: »Er ist gefügig und seine Bedienungsorgane können auch von einer zarten Frau ohne Schwierigkeiten gemeistert werden.«

Die Frauen müssen damals hart im Nehmen gewesen sein – nach heutigen Maßstäben fährt sich der 540 K eher wie ein Lastwagen. Das hohe Motorgewicht auf der Vorderachse macht den schweren Mercedes im Verein mit dem langen Radstand zu einem heftigen Untersteurer, der in enge Kurven mit kräftigem Drehen am Lenkrad hineingezwungen werden muss. Zu hohe Kur-

▶ Der 540 K demonstrierte Pracht und Eleganz.

ventempi quittieren die Hinterräder dabei mit vergrätztem Scharren. Im Stand lassen sich die Vorderräder nur mit roher Gewalt einschlagen.
Dass der 540 K im Jahr 1936 als vergleichsweise handlich galt, lag an seinen Vorgängern. Ein SSK etwa mit seinen blattgefederten Starrachsen wirkt wie ein galoppierender Mammut im Vergleich zum 540 K mit seinem Vollschwingachs-Fahrwerk.
Die pendelnden Halbachsen mit Schraubenfedern hinten und die einzeln an Querlenkern und Schraubenfedern aufgehängten Vorderräder verbesserten die Fahreigenschaften deutlich. 540 K-Besitzer, vor allem hochrangige Polit-Chargen, taten ein übriges, um ihre Reisedurchschnitte zu steigern: Sie ließen kurzerhand die Straßen sperren.
Günther Molter erinnert sich präzise an ein Erlebnis aus dem Jahr 1939, als er mit seiner 250er DKW zum Nürburgring fuhr: »Ich wurde von zwei weißen Mäusen angehalten, und plötzlich kam ein himmelblauer 540 K mit roten Ledersitzen angebraust.« Den Fahrer im hellblauen Overall, mit Lederkappe und Juchtenhandschuhen, erkannte Molter im letzten Moment: »Es war Hermann Göring auf dem Weg, den Westwall zu inspizieren«. Dass dies der einzige 540 K war, der niemals bezahlt wurde, erfuhr Molter erst 20 Jahre später als Daimler-Pressechef: »Göring hatte alle Mahnschreiben einfach ignoriert.«

Luftfilter, Abgasrohre, Vergaser und Kompressor verdecken den Motorblock.

Text: Bernd Wieland
Fotos: Uli Jooß

Daten & Fakten Mercedes 540 K

Motor
Reihenachtzylinder, Bohrung x Hub 88 x 111 mm, Hubraum 5401 cm³, Verdichtung 6,5:1, Leistung 115 (mit Kompressor 180) PS bei 3400/min, Drehmoment 44 mkg bei 2200/min, untenliegende Nockenwelle, Stoßstangen und Kipphebel, neun Kurbelwellenlager

Kraftübertragung
Einscheiben-Trockenkupplung, synchronisiertes Fünfganggetriebe (Bauj. 1939)

Karosserie/Fahrwerk
Pressstahl-Kastenrahmen, Hinterradantrieb, vorne Einzelradaufhängung an zwei Dreieckslenkern, Schraubenfedern, hinten Pendelachse mit je zwei Schraubenfedern

Maße/Gewicht
Radstand/Länge 3290/5250 mm, Breite/Höhe 1860/1640 mm, Gewicht fahrfertig 2300 Kilogramm

Fahrleistungen/Verbrauch
Höchstgeschw. 170 km/h (ohne Kompressor 130 km/h), Verbrauch 28 bis 35 Liter, Ölverbrauch 3 Liter/1000 km

Club
Mercedes-Benz Kompressor-Club e.V., Ernst D. Beek, Heubergstraße 35, 70188 Stuttgart, Tel. 0711/484803, Fax 0711/484231

Die Karosse beeindruckt durch schwungvolle Linienführung.

▶ Die Kurtisane im SL – das sprengte die spießige Wertewelt der fünfziger Jahre. Bis heute blieb der Mercedes mit seiner bekanntesten Fahrerin verbunden. Rosemarie Nitribitt verkehrte nicht im Rotlichtmilieu Frankfurts: Ihre Bekanntschaften schloss sie am weißen Lenkrad des 190 SL.

1954

Mercedes 190 SL

Rosemaries Baby

Sie war jung, blond und nannte sich Rebecca. Ihr Markenzeichen war der schwarze Mercedes, mit dem sie durch Frankfurt cruiste: Rosemarie Nitribitt und ihr Mercedes 190 SL, das war in den Fünfzigern der aufregende Stoff, aus dem Skandale sind.

Natürlich, selbst Gina Lollobrigida griff ins weiße Lenkrad eines 190 SL. Auch die junge Françoise Sagan lächelte aus den Ledersesseln des Stuttgarter Soft-Sportwagens, ebenso wie Grace Kelly oder Bibi Johns – schwarzweiße Werksfotos haben es für die Nachwelt festgehalten. Aber keines von ihnen zeigt die berühmteste SL-Besitzerin, obwohl ihr die Erinnerung einer ganzen Generation ein Denkmal setzt.

Es gibt, zugegeben, nicht viele Bilder, die Rosemarie Nitribitt und ihren schwarzen SL zeigen, vor allem nicht im Mercedes-Archiv. Das bekannteste ist ein unscharfes Amateurfoto, Format 9 x 13, das erst – silbern eingerahmt – in ihrem Frankfurter Luxus-Appartement stand, das dann in die Ermittlungsakten der Kripo wechselte und schließlich durch die deutschen Illustrierten ging.

Da posiert sie mit Hut und Sommerkostüm auf einem Frankfurter Innenstadtparkplatz, an der Leine ihren weißen Pudel Joe, und hat die rechte Hand auf den Rahmen der Windschutzscheibe gelegt. Ein Dokument bürgerlichen Wohlstands, ein Beweisstück, ein Foto, das die spießige Welt der fünfziger Jahre erschütterte: Denn die Blondine am SL war käuflich, die Bosse der aufstrebenden Wirtschaft waren ihre Kunden, und jeder von ihnen war verdächtig, nachdem die Nitribitt am 1. November 1957 von unbekannter Hand erwürgt in ihrer Wohnung gefunden wurde.

In den Illustrierten jener Jahre hieß sie tatsächlich nur »die Nitribitt«. Ihre Freier wurden mit respektvoller Distanz »Industriekapitäne« genannt. Der SL war fortan der »Nitribitt-Mercedes«.

Es war die Zeit, als Nitribitt-Witze an deutschen Stammtischen von Schenkelklopfen und Bruhaha-Gelächter begleitet wurden: »Zur Frankfurter Allgemeinen wollen Sie? Die ist ermordet worden.« Und die wirkliche *Frankfurter Allgemeine* kommentierte die Nitribitt-Hysterie am 9. November 1957 mit einem feuilletonistischen Stoßseufzer: »O Seelendschungel der Auto-Erotik! Kontakte, zwischen Grün- und Rotlicht geschlossen. Traumlose Spesenritter-Lebewelt, die ihre Lulu am Kühlerschmuck zu erkennen glaubt.«

Ganz und gar nichts zu lachen hatten damals die Mercedes-Manager: Die Verkaufszahlen brachen im Lauf des Jahres 1958 um fast 20 Prozent ein. Bebende Fabrikantengattinnen stornierten ihre Kaufverträge und überschwemmten den Gebrauchtwagenmarkt mit ihren gerade eingefahrenen Roadstern. Die Tagesproduktion

Historie

1954
Präsentation des 190 SL im Februar in New York.

1955
Serienbeginn im Mai (Vorserie ab Januar). Neben dem populären Roadster bietet Mercedes anfangs eine gewichtsreduzierte Rennsportversion mit kleiner Plexiglas-Frontscheibe an.

1956
Am 18. Mai kauft Rosemarie Nitribitt ihren schwarzen 190 SL.

1957
Die Frankfurter Lebedame wird am 1. November ermordet aufgefunden.

1958
Der originale Nitribitt-SL ist Deutschlands begehrtester Gebrauchtwagen: Er wechselt mehrfach den Besitzer und taucht als Schaustück bei Verkaufsausstellungen auf.

Im Oktober läuft der Spielfilm »Das Mädchen Rosemarie« in deutschen Kinos an. Die 190 SL-Verkaufszahlen gehen im Vergleich zum Vorjahr um 20 Prozent zurück.

1963
Im Februar läuft die Produktion des 190 SL nach 25 881 Exemplaren aus; 10 368 Fahrzeuge wurden in die USA exportiert.

soll von zwanzig auf zehn Exemplare gesackt sein, Mercedes-Verkäufer erhielten erstmals eine 190-SL-Sonderprämie, und noch Jahre später raunte ein ungenannt bleibender Mercedes-Manager seinem schreibenden Gesprächspartner zu: »Das hat uns Hunderttausende gekostet.«

Überhaupt wurde mehr geraunt als geredet, wenn es um die blonde Rosemarie ging. Dabei hatte sie ihren SL erst im Mai 1956 gekauft (und bar bezahlt, in kleinen Scheinen aus der Bally-Handtasche, so das Raunen). Es blieben ihr ganze 40 000 Kilometer, um zur berühmtesten Mercedes-Kundin des Wirtschaftswunders zu werden – jener Epoche, deren moralinsaures Aroma noch heute aufstößt. So hatten katholische Geistliche noch wenige Jahre zuvor Stinkbomben ins Kino geschmuggelt, weil

▶ Vor dem Nobelhotel »Frankfurter Hof« ging Rosemarie Nitribitt mit Vorliebe auf Kundenfang.

dort Hildegard Knef für einen Wimpernschlag als nackte »Sünderin« über die Leinwand huschte. Sie nahmen allerdings keinen Anstoß daran, dass der einstige Nazi-Regisseur Veith Harlan gleichzeitig sein reaktionäres Homosexuellen-Epos »Anders als du und ich« drehen durfte.

Jene bleierne Zeit war es also, in der Rosemarie Nitribitt, als Pflegekind in der Eifel und verschiedenen Besserungsheimen aufgewachsen, nach Frankfurt kam und bald jenen Lebensstil pflegte, der nach landläufiger Meinung nur den Industriekapitänen und ihren wohl-

Die Heckleuchten stammen vom Ponton-190er.

▶ **Grazile Detaillösungen wie der langstielige Außenspiegel waren eine Stärke der 190 SL-Designer (links).**

▶ **SL für »Super Leicht« – eine kokette Untertreibung (rechts).**

anständigen Ehefrauen zustand. »Frankfurt ist großahrtich«, soll sie ihrer Pflegemutter auf einer Ansichtskarte mitgeteilt haben. Schreiben konnte sie schlechter als sich selbst inszenieren: Das blasse Mädchen aus Mendig nannte sich abwechselnd »Rebecca« oder »Gräfin Mariza«, und als Beruf ließ die 23-Jährige in den Fahrzeugbrief ihres 190 SL »Mannequin« eintragen.

Wer alles auf dem Beifahrersitz Platz nehmen durfte, vor allem darüber wurde nach ihrem Tod spekuliert. Erst in den neunziger Jahren ließen es freigegebene Gerichtsakten zu, ganz offen darüber zu reden. Einer der Mitfahrer, so viel steht fest, war der euphorisierte Harald von Bohlen und Halbach aus der Essener Krupp-Dynastie, der seiner Freundin eine silberne Christophorus-Plakette fürs Armaturenbrett ihres Roadsters schenkte: »Damit du beim Fahren ein bisschen vorsichtig bist und nicht ganz so plötzlich in die Kurve gehst oder frech überholst.«

Auch Großaktionär Harald Quandt wurde auf den roten Lederpolstern des SL gesichtet, und zu einer Party der Schickeria-Brüder Gunther und Ernstl Sachs tauchte Rebecca in Schweinfurt auf. Vergeblich lauerte sie dagegen auf den schwedischen Porsche-Rennfahrer Joakim Bonnier vor dem Fahrerlager des Nürburgrings, wie Huschke von Hanstein viele Jahre später verriet.

Meist aber bewegte sie ihren 190 SL, wie es in den Fünfzigern der *auto motor und sport*-Tester Reinhard Seiffert mit leiser Ironie beschrieb: »Wer möchte nicht gerne in einem offenen, hübschen Wagen spazieren fahren und aus dieser Warte, geschmückt durch eine sportliche Mütze oder ein buntes Kopftuch, die Umwelt an sich vorbeigleiten lassen?« Selbst Seiffert, der Technik-Gourmet, der den Roadster für seinen bärbeißigen und zähen Vierzylinder geißelte, hatte festgestellt, welche Blicke ein 190 SL provoziert: »Neidvolle und bewundernde, kokette und eingeladen-werden-wollende, je nach Temperament und Geschlecht«. Wie es die blonde Rosemarie im SL verstand, diese Blicke anzuziehen, ließ sich damals in jeder Gazette nachlesen.

Das Rauschen des deutschen Blätterwalds wusste in jenen Tagen selbstverständlich, dass sich Rebecca gern neben der offenen SL-Motorhaube am Straßenrand postierte, um Männerbekanntschaften zu schließen. Boulevard-Schreiber waren bestens darüber informiert, dass das krankhaft geizige Mädchen aus der Eifel den Tank ihres schwarzen 190 SL am liebsten auf Freierkosten füllen ließ. Und, ja doch, der Tankwart konnte sie zum Toben bringen, wenn er ihr nicht bestätigte, die schönste Frau Europas zu sein oder die Flanken der Weißwandreifen nicht gründlich gescheuert hatte.

Als die Deutschen noch nicht satt genug waren von den Anekdoten der Illustrierten-Schreiber, lasen sie den

Das riesige Lenkrad dominiert im Cockpit, die Blinker werden per Hupring bedient.

Als Automobil der gepflegten Dame schrieb der SL Geschichte: Viele Fahrerinnen trennten sich von ihrem 190er, als die Nitribitt-Hype ihren Zenit erreichte.

Roman des Publizisten Erich Kuby, obwohl der damals als Kommunist galt und deshalb verdächtig war. »Des deutschen Wunders liebstes Kind« hieß die brave Erzählung, die in der »Keine Experimente«-Ära Adenauers als keck und frivol galt. Vor allem aber beschäftigt sie sich seitenlang mit dem Sportwagen der deutschen Hautevolee und seiner erotisierenden Wirkung.

»Es dauerte nicht lange, da nannte man sie den Engel im SL«, dozierte Kuby in verschachtelten Sätzen und der lustfeindlichen Diktion der fünfziger Jahre: »Sie war nicht Leda mit dem Schwan, sie war Rosemarie mit dem SL. Die reichen Männer stellten nicht nur fest, dass dieses Mädchen teuer war, weil sie einen teuren Wagen fuhr, den Wagen, den sie selbst fuhren oder hätten fahren können, wenn sie gewollt hätten; sie sahen auch angesichts dieser schamlosen Person im offenen Wagen eine Art körperlicher Vereinigung zwischen einem blonden Mädchen und einem schwarzen Auto, mitten in Frankfurt, und wenn sie sich dessen auch nicht bewusst waren, so gerieten sie in einen Zustand, in dem sie gierig wurden, die Rolle des Wagens zu übernehmen, und glaubten plötzlich ebenfalls über 105 PS zu verfügen, oder vielmehr: über 105 Männerstärken.«

Es war Kubys Glück, dass die meisten seiner Leser nicht wussten, wie schwer sich ein 190 SL mit seiner serienmäßigen Motorleistung tat, sobald er den Stadtverkehr verlassen hatte. Ursprünglich war es auch nicht weiter wichtig gewesen, weil die Mercedes-Manager vor allem

Daten & Fakten Mercedes-Benz 190 SL

Motor
Vierzylinder-Reihenmotor, oben liegende, kettengetriebene Nockenwelle, Bohrung x Hub 85 x 83,6 mm, Hubraum 1897 cm³, Leistung 105 PS bei 5700/min, max. Drehmoment 142 Nm bei 3200/min, zwei Vergaser

Kraftübertragung
Hinterradantrieb, Viergang-Schaltgetriebe

Karosserie/Fahrwerk
Selbsttragende Ganzstahl-Karosserie, vorn Einzelradaufhängung an Doppelquerlenkern und Schraubenfedern, Stabilisator, hinten Eingelenk-Pendelachse mit Schraubenfedern und Schubstreben, vier Trommelbremsen

Maße/Gewichte
Länge/Radstand 4220/2400 mm, Breite/Höhe 1740/1320 mm, Leergew. 1160 kg

Fahrleistungen/Verbrauch
0-100 km/h in 14,3 s, Höchstgeschwindigkeit 170 km/h, Verbrauch 14,2 Liter Super/100 km

Club
Mercedes-Benz 190 SL Club e. V., Tel. 05141/930190

Der 105-PS-Motor galt Sportfahrern als zäh, ein 190 SL eignet sich eher zum Cruisen.

auf den amerikanischen Markt geschielt hatten: Sie ließen das rundliche Blechkleid dieses Roadsters auf den Wunsch von Max Edwin Hofman entwerfen – jenes New Yorker Importeurs, der sich einen preiswerten, offenen Sportwagen für Kunden gewünscht hatte, die sich keinen 300 SL Flügeltürer leisten konnten. Dass die meisten 190 SL schließlich doch in deutschen Schauräumen standen, hängt mit der Verbissenheit jener Industriebosse zusammen, die sich im Boudoir der SL-Hetäre erholten: Mit wachsender Kaufkraft konnten sich immer mehr Inlandskunden den Aufstieg von der 190er-Ponton-Limousine leisten.
Dass die Verkaufszahlen gegen Ende der Fünfziger schnell wieder anstiegen, konnte auch der kommerzielle Höhepunkt des Nitribitt-Booms nicht vereiteln: Regisseur Rolf Thiele ließ das kleine, kurze Leben der Rebecca in einen abendfüllenden Film gerinnen. Nadja Tiller stöckelte damals als Nitribitt durch das Frankfurt der Nachkriegsjahre und verriet die Geschäftsgeheimnisse ihrer Begleiter an ausländische Industriespione. Sie fuhr – wie ihre Film-Freier – einen 190 SL, den sich Thiele damals auf dem freien Markt beschaffen musste. Auch den Mercedes-Salon, in dem die Freiberuflerin ihren 190 SL kaufte, baute das Filmteam nach: In Untertürkheim hatten sie entrüstet abgewinkt.
Es fügt sich in die verstockte Welt der Fünfziger, dass der originale SL mit dem schwarzen Besatzungskennzeichen H 70-6425 den Etat der Filmemacher gesprengt hätte. Seine Spur verliert sich auf den Höfen freier Gebrauchtwagenhändler: Sie reichten ihn untereinander zu monatlich steigenden Preisen weiter. Mit dem Werbeschild »Von zarter Hand aus Frankfurt« tingelte der Roadster durch deutsche Autosalons; eine Preziose, wertvoller, als hätte die Lollo das weiße Lenkrad umgriffen.
Der berühmteste aller 190 SL gilt inzwischen als spurlos verschwunden. Vielleicht existiert er noch, mit Ersatzbrief, bei einem völlig ahnungslosen Besitzer. Das, und nur das, würde zu seiner Geschichte passen.

Text: Christian Steiger
Fotos: Achim Hartmann

▶ **Ein Speedster ist heute die ferne Sehnsucht aller 356-Enthusiasten.**

1954

Porsche 356 A Carrera Speedster

Speed Star

Der Speedster ist ein Meilenstein in der frühen Geschichte der Marke Porsche. Die Idee, den herrlich unpraktischen Roadster zu bauen, kam nicht aus dem Konstruktionsbüro, sondern direkt vom Schreibtisch des Amerika-Importeurs.

Unsere zeitgenössischen Automobile beladen wir gerne mit einem Fluch: »Schmach über Euch, Ihr habt Euch von den studierten Kaufleuten im Marketing allen Charakter abhandeln lassen, um mit vergänglicher Schönheit einer breiten Masse zu gefallen.« Und da die meisten modernen Autos keine Wurzeln haben, die tief in die Vergangenheit reichen, erinnern sie sich kaum daran, dass Kaufmanns-Geist einst traumhafte Klassiker erschuf.

Das schöne Märchen spielte in der Morgenröte des deutschen Wirtschaftswunders, also lange vor der Einführung der Meetings. Die Inspiration kam noch nicht aus einer Mannschaft manipulierender Marketing-Manager. Die Quelle kühnen Geistes war vielmehr ein kluges Individuum, Maximilian Edwin Hoffman, ein Amerikaner österreichischer Herkunft und später Nachkomme von König Midas, weil er Ideen rasch in Gold verwandeln konnte.

Maxi Hoffman entdeckte Volkswagens Käfer für die USA. Er importierte Mercedes und forderte den 190 SL als erschwingliche Alternative zum 300 SL. Maxi Hoffman verkaufte BMW und verlangte einen Roadster. Weil ihm keiner der Profi-Entwürfe gefiel, machte er die erste Skizze selbst und gab die Reinzeichnung bei einem Freund in Auftrag, dem Designer Graf Albrecht Goertz in New York, was schließlich mit dem BMW 507 endete. Weil er Volkswagen im Sortiment hatte, verkaufte Maxi Hoffman auch die Sportwagen der technisch noch stark verschwägerten Marke Porsche. Das war in jenen Jahren nicht ganz leicht, denn aus England kam viel preisgünstige Konkurrenz. Die Roadster von MG, Triumph und Sunbeam kosteten weit weniger als ein edler Porsche.

Das Auto, das er daraufhin von Porsche forderte, enthebt Maxi Hoffman über jeden Verdacht, ein Marketing-Mann im heutigen Sinn zu sein, denn er verlangte den einfachen Porsche für weniger Geld, einen Roadster für die Boys im sonnigen Südwesten als luftige Verbindung zwischen Surf Café und Club Race.

Die Erstausgabe des ausstattungsbereinigten Porsche 356 war 1952 der sogenannte America Roadster, ein völlig ballaststofffreies Cabrio mit einer niedrigen, geteilten Windschutzscheibe – und ohne Seitenscheiben. Zur Frage des Dachs widersprechen sich die Quellen der Überlieferung, aber bei Porsche herrscht heute die Meinung vor, er hatte eins der einfachen Sorte.

Dieser erste Roadster ist auf Amerikas Clubrennstrecken seinerzeit ein Seriensieger. Das Ding wiegt 605 Kilogramm und kommt mit den 70 PS des 1500-S-Motors forsch voran. Bis daraus offiziell der Typ 540 wird, in dessen Namen sich die Worte Speed und Roadster zu Speedster verschmelzen, dauert es noch bis zum September 1954. Der Speedster ist die endgültige Antwort auf Maxi Hoffmans Frage nach dem einfachen Porsche – eine aufregend elegante außerdem. Die kleine Windschutzscheibe

Historie

1953
Max Edwin Hoffman, Porsches US-Importeur, fordert ein 356-Einsteigermodell, das weniger als 3000 Dollar kosten soll.

1954
Debüt des Speedster, Preis: 2995 Dollar. James Dean kauft ihn im Jahr der Premiere.

1955
Der 356 A erscheint auf Wunsch mit 1,6 Liter-Motor oder Carrera-Triebwerk. Erkennungszeichen des A ist seine gewölbte Frontscheibe.

1958
Im August wird der Speedster überarbeitet und in Convertible D umbenannt. D steht für Karossier Drauz.

1959
Wieder ein neuer Name: Roadster. Premiere des 356 B mit retuschierter Front.

1961
Einstellung der Roadster-Produktion im August.

▶ Im Schau-Fenster: Ein Speedster war für Einsteiger gedacht, für deutsche Verhältnisse aber dennoch elitär.

Typisch Speedster: Blech-Cockpit, drei Uhren, ein paar Schalter – aber Fahrspaß ohne Ende.

umgibt ein zierlicher Chromrahmen, im Cockpit gibt es schlanke und kräftig zupackende Schalensitze, die Instrumente formen ein sportliches Triptychon: links der Tacho, zentral und erhöht der Drehzahlmesser und rechts eine Kombiskala für Benzinvorrat und Öldruck. Ein paar Schalter und ein Zündschloss, das war's.

Als Speedster hat der offensive Porsche zwar grundsätzlich ein Verdeck, aber die Konsequenz seiner Sparsamkeit stellt die Besatzung bei Gebrauch des Dachs vor eine harte Prüfung. Am besten beschreibt das eine Textpassage, die Lothar Boschen und Jürgen Barth in »Das große Buch der Porsche Typen« aus einem Schatzkästlein der deutschen Literatur zitiert und der Nachwelt erhalten haben. Denn der Prüfbericht des TÜV Stuttgart führte 1954 mit schwer nachvollziehbarer Logik über den Speedster folgendes aus: »Bei offenem Verdeck ist auf den Notsitzen kein Platz für weitere Personen; bei geschlossenem Verdeck sind die Notsitze für Personen über 1,60 Meter nur dann benutzbar, wenn für den Kopf eines jeden Mitfahrers ein Loch in das Verdeck geschnitten wird.«

Ansonsten lässt sich über dies Verdeck nicht allzuviel sagen: Es ist so klein und der aufrechten Sitzhaltung des Menschen derart im Weg, dass sein Gebrauch eigentlich nur bei ruhendem Fahrzeug oder angesichts von Naturkatastrophen zu empfehlen ist. Das gleiche gilt auch für die Steckfenster, die mit ihren handspannenhohen Scheiben einen bedrohlich flachen Durchblick bieten. Aus der extremen Dachsituation lassen sich zwei taugliche Betriebszustände ableiten: geschlossen parken, offen fahren.

Damit der offene Vollzug auf jeden Fall Vergnügen macht, gab es den Speedster gleich von Anfang an mit diversen Motoren. Das Einsteigermodell hatte 1290 cm^3 und 60 PS, und wir standen jung an Jahren, doch mit leeren Taschen vor einem Preisschild mit der Summe von 10 500 Deutschen Mark. Auch mit dem 70 PS starken 1500-S-Motor war er mit knappen 13 000 Mark aus heutiger Sicht ein wahrhaft smartes Angebot.

Maxi Hoffmans erschwinglicher Porsche wird sofort ein Hit. 1956 finden insgesamt 4264 Porsche einen Käufer, davon wählen rund 1700 den Speedster. Der schlichte Porsche bleibt erfolgreich bis zum Modelljahr 1958, dann setzt unaufhaltsam die Verweichlichung im Alter ein. Den soften Nachfolger baut die Karosserie-Fabrik Drauz in Heilbronn als Convertible D (D wie Drauz). Die

Windschutzscheibe ist höher, das Verdeck ist geräumiger und vermutlich sogar dicht, die Seitenscheiben sind aus Glas und groß, sie lassen sich gutbürgerlich herunterkurbeln. Zwei Jahre später nimmt der Convertible als Porsche 356 B den alten Namen Roadster an.
Doch 1961 ist Schluss mit luftig. Es gibt keine Roadster mehr und keine Porsche mit dem tiefen Dekolleté. Dass ein kurzes und intensives Leben Legenden schafft, verbindet den Speedster mit einem seiner Fahrer: James Dean hat sich in einem solchen Porsche zu seinem schicksalhaften Spyder hochgedient, und das ist ein Tatbestand, der dem Mythos Speedster Nahrung schafft. So kommt es, dass Maxis Werk, der unpraktischste aller 356, in der Wunderwelt der klassischen Automobile der gefragteste und teuerste Vertreter seiner Art ist. Nur ein serienmäßiger Zeitgenosse übertrifft ihn noch: der Spyder 550. Aber auch den hat Maxi Hoffman mutig angeschoben.
Ein kleines Kontingent von auserwählten Speedstern fuhr schon ab 1955 mit der Kraft der zwei Herzen in die Welt. Denn hinten tobte mit 100 PS jener legendäre Carrera-Motor, von dem sein österreichischer Vater Ernst Fuhrmann später einmal verzückt sagen wird: »Des war a schöne Jugendsünd.« Der luftgekühlte Vierzylinder-Boxer folgte dem komplexen Stil seiner Zeit. Er hat vier obenliegende Nockenwellen, die über Königswellen angetrieben werden. Um dies zu bewerkstelligen, fletschen 14 Kegelräder ihre Zähne – ein Aufwand, der aus heutiger

▶ **Die Form des Rückspiegels nimmt die Rundungen des 356-Bugs auf (links unten).**

▶ **Original-Zubehör: Steinschlag-Gitter für die Scheinwerfer (rechts unten).**

▶ **Mit Carrera-Schildchen waren die Speedster schon damals selten (rechts ganz unten).**

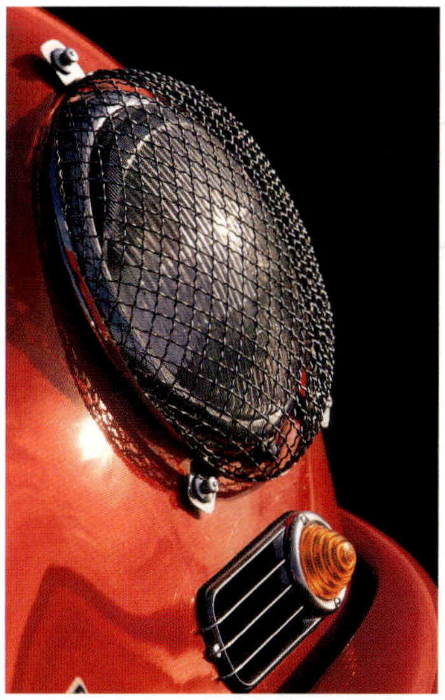

Sicht mehr als exotisch wirkt. Ein Detail allerdings verbindet den ersten Carrera-Motor mit dem jüngsten wassergekühlten Boxer: ein gewisser Wellensalat, denn der Antrieb der Nockenwellen geht von einer Nebenwelle unter der Kurbelwelle aus. Natürlich gibt es damals pro Zylinder nur zwei Ventile, die über Schlepphebel betätigt werden. Viel Bohrung (85 mm) und wenig Hub (66 mm) ergeben 1498 cm^3, die 100 PS stellen sich bei 6200 Touren ein.

Die Technik im Motorraum ist übersichtlich wie ein Gericht der Nouvelle Cuisine: mitten über dem Motor ein zweiflutiges Gebläse, links und rechts daneben Doppelfallstromvergaser von Solex oder Weber. Vorsichtige fahren sie mit Filter, Musikliebhaber wählen die offene Aussprache der Trichter. Das einfache Arrangement täuscht über kapriziöse Wartungsansprüche hinweg: Zum Kerzenwechsel muss der Motor raus.

Nur zwei der 167 Carrera-Speedster haben in ihrer deutschen Heimat überlebt. Einer davon röhrt bei Hans Reuter in Kirn an der Nahe im beneidenswerten Zustand einer glatten Eins, was laut Gutachten einem Wiederbeschaffungswert von 280 000 Mark entspricht.

Zum Fahrtermin verharrt das Thermometer unter Null, doch Ehrensache: Das Verdeck bleibt unten. Der Boxer kommt sofort mit vollzähliger Zylinderzahl zur Sache, obwohl die sechs Liter Öl sich an dem Wetter nicht erwärmen können.

Der erste Gang von vieren begrüßt den Fahrer nach langem Weg mit geschmeidiger Synchronisation und in der Folge auch mit einer ziemlich langen Übersetzung. So eine Auslegung des Getriebes in Tateinheit mit der scharfen Charakteristik dieses Motors mündet in ein Fahren wie vor 40 Jahren: Man wählt die Gänge kleiner und die Drehzahl höher als heute üblich.

▶ **Runde Sache: Die Bauart des Speedster betont den unnachahmlichen Charme der 356-Linien.**

Der Carrera-Motor ist dabei in seiner besten Stimmlage. Vier Ansaugtrichter und ein Sebring-Auspuff trompeten die Geräusche des Königswellen-Motors nieder. Angesichts von 100 PS und 835 Kilogramm Leergewicht geht es mit Macht voran.

Aber beeindruckend ist nicht allein die Urgewalt des Motors. Erstaunlich ist auch nicht so sehr die souveräne Art und Weise, mit der das gut gezähmte Pendelachsfahrwerk und die modernen Gürtelreifen die Straße im Griff haben. Begeisternd ist vielmehr die wundervolle Sparsamkeit des Cockpits und die servofreie Klarheit aller Reaktionen.

Das gilt besonders für die Carrera-Trommelbremsen, die in ihren Jugendjahren die bissigsten Backen der Welt hatten. Mit der Sanftmut ihrer gelassenen Verzögerung nehmen sie das ABS auf einzigartige Weise vorweg.

Text: Clauspeter Becker
Fotos: Uli Jooß

▶ Designer-Stücke: flacher Spiegel, Schriftzüge im Schwung der Zeit.

Daten & Fakten Porsche 356 A Carrera Speedster

▶ Motor

Vierzylinder-Boxermotor, längs hinter der Hinterachse eingebaut, vier obenliegende Nockenwellen, angetrieben durch Königswellen, Bohrung x Hub 85 x 66 mm, Hubraum 1498 cm³, Verdichtungsverhältnis 9,0 : 1, Leistung 100 PS bei 6200/min, max. Drehmoment 118 Nm bei 5200/min, vierfach rollengelagerte Kurbelwelle, V-förmig hängende Ventile, Gemischaufbereitung durch zwei Doppel-Fallstromvergaser Solex 40 PJJ, Tankinhalt 50 Liter

▶ Kraftübertragung

Hinterradantrieb, Einscheiben-Trokkenkupplung, vollsynchronisiertes Vierganggetriebe

▶ Karosserie/Fahrwerk

Ganzstahlkarosserie mit verschweißtem Stahlblech-Kastenrahmen, vorn Einzelradaufhängung an zwei längsliegenden, auf zwei querliegende Drehstabfedern arbeitenden Traghebeln, Stabilisator; hinten Einzelradaufhängung an zwei Pendelhalbachsen, Längslenker, zwei querliegende Drehstabfedern, Schneckenlenkung, vier Trommelbremsen, Reifen 5,90-15 Supersport auf Felgen 4 1/2 J 15

▶ Maße/Gewicht

Radstand/Länge 2100/3950 mm, Breite/Höhe 1670/1220 mm, Spur vorn/hinten 1306/1272 mm, Leergewicht 835 kg

▶ Fahrleistungen

Beschleunigung 0-100 km/h 11,8 s, Höchstgeschwindigkeit 198 km/h (Carrera Coupé, Testwerte aus *auto motor und sport*, 9/1956), Verbrauch 12,8 Liter/ 100 km (Testwert)

▶ Bauzeit

1955 bis 1958 (356 A Carrera Speedster)

▶ Club

Porsche 356 Club Deutschland e.V., Heidewinkel 7, 70192 Stuttgart, Tel. 0711/2576356, Fax 0711/2576356

KH-SP 356

Früher war er der einfachste 356, heute ist er der begehrteste.

▶ **Die Grazie im BMW-Programm der fünfziger Jahre war eindeutig der 507. Die betonten Kotflügelrundungen verhalfen dem Roadster zu einer erotischen Ausstrahlung.**

1955

BMW 507

Blaublüter

Albrecht Graf Goertz schuf die rassige Linie des BMW 507, der Mitte der fünfziger Jahre die Fachwelt begeisterte und zum Diamant vom Isar-Strand erklärt wurde. Im aktuellen Z8 lebt der Geist des legendären Vorfahren weiter.

Ganz Paris träumt von der Liebe«, sang Caterina Valente Mitte der fünfziger Jahre. Auch in der deutschen Metropole Frankfurt wurde geträumt – allerdings nicht von Liebe. Die dort im September 1955 stattfindende Internationale Automobilausstellung wurde zum Mekka für viele Tausende, die sich nichts sehnlicher wünschten als ein Auto.

Dank der Wirtschaftswunderzeit rückte dieses Verlangen in greifbare Nähe. Ein üppiges Angebot an günstigen Kleinwagen stellte für die schutzlos dem Wetter ausgelieferten Motorradfahrer eine Chance zum Um- und Aufstieg dar. Denn damals fuhren die meisten ein Zweirad nicht zum Vergnügen, sondern weil sie sich kein Auto leisten konnten.

Auch Wolf Gehrmann aus Wiesbaden war zur IAA mit einem Motorroller angereist. Er erlag aber nicht dem Charme irgendeines Kleinwagens, sondern verharrte fassungslos am Stand 63 in Halle 1b. Dort präsentierte die Firma BMW ein Fahrzeug, das als Sensation dieser Messe bejubelt wurde: der 507 Touring Sport, der mit dem gleichzeitig vorgestellten luxuriösen 503 das bayerische Unternehmen in den erlesenen Kreis der Traumwagenhersteller katapultierte.

Begeistert fasste Gehrmann den Entschluss: »Das wird einmal mein Auto.« Wie viel Optimismus hinter diesem Gedanken steckte, macht ein Vergleich deutlich: Damals lag der durchschnittliche Bruttowochenverdienst der Deutschen bei 86,85 Mark. Der »schneeweiße Traum von phantastischer Gestalt«, wie die *Frankfurter Nachtausgabe* schwärmte, sollte 26 500 Mark kosten.

Ebenfalls nicht glücklich über diesen hohen Preis war Maximilian Edwin Hoffman, ein Österreicher mit Wohnsitz in Amerika, der als gewiefter Autoimporteur galt und bereits Mercedes zum Bau des 300 SL animiert hatte. Auch an der Entstehung des 507 wirkte er mit. Es war ihm nicht schwer gefallen, BMW-Verkaufs-Chef Hanns Grewenig davon zu überzeugen, dass er in den USA einen BMW-Sportwagen gut verkaufen könne. Der einflussreiche Grewenig sah im Exportgeschäft den rettenden Anker für die ins finanzielle Abseits treibende Firma und führte ohne den gerade zur Kur gereisten Direktor Kurt Donath die Entscheidung zum Bau eines solchen Fahrzeugs herbei.

Max Hoffman brachte schließlich auch den in Deutschland geborenen und in den USA lebenden Stylisten Albrecht Graf Goertz ins Spiel, ein Ex-Schüler des Cola-Flaschen-Designers Raymond Loewy, der ihn allerdings mit den Worten »aus Dir wird nie ein Designer« hinausgeschmissen hatte.

Für Goertz war es die Chance seines Lebens. Er fertigte einige Skizzen an, wurde daraufhin sofort nach München eingeladen und zum Verantwortlichen für die Form

Im 507 werden Überlandtouren zur genussvollen Reise.

Historie

1954
Ernst Loofs Prototyp für den künftigen BMW Roadster wird abgelehnt.

1955
Vorstellung des von Graf Goertz entworfenen BMW 507 im New Yorker Hotel Waldorf Astoria und auf der IAA in Frankfurt.

1956
Im November geht der 507 in Serie.

1957
Start der Serie 2 mit kleinerem Tank unter dem Kofferraum.

1959
Produktionsende, Stückzahl 254, inklusive Loof-Wagen und Einzelstücke von Loewy und Michelotti.

WI S 507 H

HI S 507H

des neuen BMW-Sportwagens erklärt – Jahresgehalt rund 64 000 Mark.

Tatsächlich erfüllte der gut bezahlte Designer die in ihn gesetzten Hoffnungen. Er brachte sogar die Fachwelt ins Schwärmen, wie die fast schon legendären Zeilen des IAA-Berichtes in der *Süddeutschen Zeitung* anno 1955 belegen: »Da stand dieser Wagen – drei Meter lange Motorhaube, hellgelbe Schweinsledersitze, funkelnde Armaturen, spiegelnder Lack, sparsamer Chrom, ein Zwitter fast schon zwischen Flugzeug und Auto, ein Düsenjäger der Autobahn, ein technisches und formalgestalterisches Wunderwerk.«

Doch damit nicht genug: Das eng geschnittene Aluminiumkorsett des Roadsters mit den verwegenen Luftaustrittsgittern an den Flanken regte mit seinen Proportionen sogar die männliche Fantasie an. »Ein Auto ist immer auch ein Sexsymbol«, erklärt Graf Goertz sachlich die Gefühlswallungen mancher Herren beim Anblick des BMW.

Aber die Behauptungen, er habe gewisse Rundungen von Gina Lollobrigida und Sophia Loren auf den 507

▶ Ob von hinten oder von der Seite, die Proportionen wirken gelungen.

Kunstvolles Luftaustrittsgitter mit BMW-Emblem an der Flanke (links unten).

Die beiden Rückfahrscheinwerfer konnten als Extra geordert werden (rechts).

übertragen, verweist er mangels Gelegenheit, Maß zu nehmen, ins Reich der Märchen: »Die kannte ich leider nicht persönlich.«

Als ebenso märchenhaft erwiesen sich Grewenigs Vorstellungen vom großen USA-Geschäft. Hoffmans Erzählungen bewahrheiteten sich nicht, dem Importeur fiel der Preis zu hoch aus, um den Roadster erfolgreich vermarkten zu können. Aber die Bayern konnten ihm nicht entgegenkommen, wollten sie noch etwas an dem in zeitaufwendiger guter deutscher Wertarbeit entstehenden Auto verdienen. So war dem Vollblut aus München nur ein recht kurzes Leben beschieden: 1959 wurde die Produktion überraschend eingestellt. Aber ganz in Vergessenheit geriet das Auto nie – schon gar nicht bei Wolf Gehrmann, der seine Absicht, einmal einen 507 zu besitzen, unter der Rubrik Wiedervorlage aufbewahrte.

Im Jahre 1986 war der BMW-Fan endlich am Ziel seiner Wünsche, er kaufte ein blaues Exemplar mit der Fahrgestellnummer 70236, das am 29. Dezember 1959 die Werkshallen verlassen hatte.

Vermutlich schon damals befand sich ein ungewöhnliches Ausstattungsdetail an Bord: ein schmales, lederbezogenes Kissen, mit dem sich die beiden Einzelsitze in eine durchgehende Bank verwandeln lassen. »Der Vorbesitzer war ein Reitlehrer, der so immer zwei seiner Schülerinnen gleichzeitig spazieren fahren konnte«, erzählt Gehrmann. Zwar ist der Innenraum des 507 für einen Roadster vergleichsweise geräumig, doch zu dritt muss so eine Ausfahrt eine recht intime Angelegenheit gewesen sein.

Ob sich deshalb eines der Pferde vernachlässigt gefühlt hat, ist nicht überliefert. Jedenfalls hinterließ es in der rechten Tür einen Hufabdruck, dessen laienhaft kaschierte Spuren der Wiesbadener im Rahmen einer Restaurierung beseitigen ließ.

Nicht verzichten wollte Gehrmann aber »wegen eines übertriebenen Sicherheitsdenkens« auf die nachträglich unterhalb der Armaturentafel ergänzten Zusatzinstrumente, die über das Befinden des Triebwerks Auskunft geben. Das montierte hölzerne Nardi-Lenkrad ist dagegen ein zeitgenössisches und schmuckes Zubehör.

Ein weiterer Blickfang stellt das in der blechernen Armaturentafel versenkte Becker Mexiko Radio dar, das seinerzeit 780 Mark Aufpreis kostete – eine Summe, für die ein BMW Isetta-Besitzer zwei Austauschmotoren, eine Lichtmaschine und einen Satz Stoßdämpfer ordern konnte.

Dafür bekam der 507-Fahrer einige Extras gratis geliefert, wie etwa den faszinierenden Blick nach vorn entlang der ansprechend gerundeten Kotflügel, zwischen die harmonisch die Motorhaube eingebettet ist. Für die akustische Untermalung dieser reizvollen Aussicht sorgt in beeindruckender Tonlage ein V-Achtzylinder-Triebwerk aus Leichtmetall.

Bereits im März 1954 hatte BMW den ersten deutschen Nachkriegsmotor mit Vollalublock und acht Zylindern auf dem Genfer Salon für die 501 Limousine vorgestellt. Zu den Konstruktionsmerkmalen zählten fünffach gelagerte Kurbelwelle, nasse Zylinderlaufbuchsen, eine zentral angeordnete Nockenwelle und über Stoßstangen und Kipphebel betätigte Ventile. Für die im Roadster eingebaute 3,2-Liter-Version wurde zunächst eine Leistung von 140 PS angegeben, aus denen dann letztendlich 150 PS bei 5000/min wurden.

Die nicht gerade überwältigende Literleistung von 47,4 PS/Liter verdeutlicht, dass es sich nicht um ein hochgezüchtetes Rennaggregat handelt, sondern es standen andere Qualitäten im Vordergrund. Das prickelnde Klangerlebnis aus Ansaugschlürfen und einem bei etwa 3000/min einsetzenden, betont aggressiven Auspuffgeräusch verführt zwar, in den einzelnen Gängen bis 5000/min zu drehen, aber als wahrer Kraftprotz entpuppt sich diese Maschine erst, wenn es um Durchzug geht.

In dieser Disziplin konnte es der BMW auch mit dem Konkurrenten aus Stuttgart aufnehmen. Wird im vierten Gang ab 30 km/h beschleunigt, distanziert er bis 110 km/h den 215 PS starken Mercedes 300 SL Roadster um über eine Sekunde. Bis 130 km/h hat der BMW die Nase vorn, wenn auch nur knapp – aber dafür in einem Geschwindigkeitsbereich, der im Alltagsverkehr am häufigsten genutzt wird. Da fällt der Schmerz nicht ganz so groß aus, dass der SL absolut gesehen das schnellere Auto ist, und

Daten & Fakten BMW 507

Motor
Achtzylinder-V-Motor aus Leichtmetall, im V angeordnete Nockenwelle, parallel hängende Ventile über Stoßstangen und Kipphebel betätigt, Bohrung x Hub 82 x 75 mm, Hubraum 3168 cm^3, Verdichtung 7,8:1, Leistung 150 PS bei 5000/min, maximales Drehmoment 235 Nm bei 4000/min, zwei Doppel-Fallstromvergaser Zenith (Solex) 32 NDIX1/24, ab 1957 1/22

Kraftübertragung
Hinterradantrieb, Einscheiben-Trockenkupplung, Vierganggetriebe

Karosserie/Fahrwerk
Leichtmetallkarosserie auf Kastenrahmen mit Rohrquerträgern, vorn Einzelradaufhängung an Dreiecksquerlenkern, Drehstabfederung, Teleskopdämpfer, hinten Starrachse mit Zug- und Schubstreben, Drehstabfederung, Kegelradlenkung

Maße/Gewicht
Länge/Radstand 4380/2480 mm, Breite/Höhe 1650/1300 mm, Gewicht 1280 kg

Fahrleistungen
Beschleunigung 0-100 km/h in 11,1 s, Höchstgeschwindigkeit 196,5 km/h (Testwerte)

Club
BMW-Veteranen-Club Deutschland e. V., Tel. 02772/41665

die von BMW versprochene Höchstgeschwindigkeit von 220 km/h nur mit aerodynamischen Tricks erreicht werden konnte.

Auch das Erbe des sportlich erfolgreichen BMW 328 konnte der 507 nicht antreten. Zwar taugte das Auto zu deutlich mehr als nur zum Cruisen mit Reitschülerinnen auf der Münchener Leopoldstraße, doch die geringe Stückzahl stand der Homologation für aussichtsreiche Rennläufe im Wege. Es blieb bei einigen von Hans Stuck errungenen Siegen bei Bergrennen.

Dabei profitierte er von der Gutmütigkeit des breitspurigen Autos. Die vordere Einzelradaufhängung sowie die starre Hinterachse mit Schubstreben und Panhardstab sorgen für einen unspektakulären, modernen Fahreindruck. Die bei Autos dieser Ära erwarteten Tücken bleiben aus. Ebenso überrascht das Fehlen von Klappergeräuschen und Karosserieverwindungen – ein Verdienst des steifen Rahmens.

Aus heutiger Sicht liefert der 507 eine wohl dosierte Mischung aus Fahrspaß und einer bis ins Detail konstruierter Alltagstauglichkeit, wie beispielsweise die spoilerförmigen Sonnenblenden, die beim Offenfahren die Bildung von Unterdruck im Cockpit verhindern. Hinzu kommt ein drehmomentstarker, klangvoller Motor und ein Fahrwerk, das flotte, leichtfüßige Landstraßenpartien erlaubt.

Dieses Konzept des 507 hat BMW in die Neuzeit transportiert, inklusive einiger Designmerkmale. Als der aktuelle Z8 auf der IAA gezeigt wurde, soll ein junger Rollerfahrer beobachtet worden sein, der träumend davor stand.

Text: Bernd Woytal
Fotos: Reinhard Mutschler

Freier Blick nach hinten: Das leicht zu öffnende Verdeck lässt sich vollständig versenken.

WI S 507 H

GL - CP 58

1957

Borgward Isabella TS Coupé

Miss Germany

▶ *Es gab eine Zeit, da hatte die Sehnsucht der deutschen Autofahrer einen spanischen Namen: Isabella. Das Coupé galt in den Fünfzigern als Schönheitskönigin. Mit dem Schwung ihrer Kurven krönte Carl F. W. Borgward sein Lebenswerk: Nicht einmal der Konkurstod des Konzerns konnte den Weg der Isabella zum Auto-Mythos stoppen.*

▶ **Den großen Rhombus trugen nur Coupés der Modelljahre 57/58.**

Ausgerechnet Isabella. Der Name lag Carl F. W. Borgward auf der Zunge. Ein Versuchsfahrer hatte ihn gefragt, was man denn zur Tarnung auf die Prototypen schreiben solle. »Mir egal«, knurrte der Boss. »Schreibt meinetwegen Isabella drauf.«

Diese Geschichte ist bekannt – bis hierher. Wie Borgward jedoch so spontan auf den Namen Isabella kam, hat einen tieferen Hintergrund. Sein Sohn Claus erinnert sich: »Meine Eltern machten 1953 Urlaub in Spanien. Die Hotelbesitzerin hieß Isabella.« Offenbar schaute sie Carl F. W. Borgward etwas zu tief in die Augen – seine Ehefrau jedenfalls war sauer. »Sie hielt ihm seine Isabella vor.«

Aus einer Laune heraus wuchs dann zusammen, was für Borgward-Fans bis heute zusammengehört. Phonetischer Sexappeal umgibt das Auto, das sich mit seinen sinnlichen Rundungen in die Erinnerung der Enthusiasten wölbte.

Carl F. W. Borgward war Selfmademan und Normalbürger, ein Pragmatiker, dem die »Goldkönig«-Zigarre scheinbar in der Hand festgewachsen war. Neureichen Prunk fand er widerlich, auch auf der Speisekarte. Am liebsten, so erzählt heute seine Tochter Monica, aß er Eintopf oder Bratkartoffeln. Empfänge mied er – der Chef mochte keine Reden halten. Und die modischen Stehpartys der Fünfziger lehnte Carl F. W. Borgward ab: Am liebsten verkrümelte er sich durch den Notausgang.

Dabei war es der gleiche Carl F. W. Borgward, der den Kindern des Wirtschaftswunders ihr schönstes Spielzeug in die Hände gab. Das Isabella Coupé war ein begehrtes Accessoire in der Glitzerwelt der Emporkömmlinge und ihrer toupierten Gattinnen. Es passte zu ihren weißen Pudeln und den Bungalows im amerikanischen Stil, und es brachte sie fast so schnell nach Sylt und Davos wie ein Porsche.

Für seine Besitzer war das Coupé ein Sahnehäubchen auf dem Kuchen des neuen Wohlstands: Eine Isabella war zwar teuer, aber nicht unerschwinglich. Der üppige Schwung ihrer Linien wirkte extravagant, aber nicht zu gewagt. Sie war nicht etwa ihrer Zeit voraus, wie es heute so oft heißt: Borgwards Beste war statt dessen auf der Höhe einer Ära, die keine Experimente wagen wollte.

Als im Januar 1957 die ersten Isabella Coupés entstanden, begann Borgwards Programm beim volkstümlichen Lloyd Alexander, der 3680 Mark kostete. Das Coupé stand gleichzeitig für 10 925 Mark in den Borgward-Salons. Es fand damals nicht wenige Käufer, die es Carl F. W. Borgward gleichtun konnten: Sie überreichten ihren Gattinnen ein Coupé zu Weihnachten.

»Manche Kundinnen brachten ein Stück Stoff zur Vertragsunterzeichnung mit. Der Wagen wurde dann in der Farbe des Herbstkostüms lackiert«, erinnert sich Ulrich Schwehn, ehemaliger Borgward-Seniorverkäufer aus Siegen.

Historie

1954

Premiere der Borgward Isabella Limousine.

1956

Bau dreier Coupé-Prototypen, Pressevorstellung im November.

1957

Produktionsbeginn im Januar.

1958

Modellpflege, Erkennungszeichen: kleiner Rhombus im Kühlergrill, aufgesetzte Heckflossen gegen Mehrpreis. Die Flossen fallen 1959 aus dem Programm.

1961

Carl F.W. Borgward gerät in finanzielle Schwierigkeiten und muss sein Unternehmen im Februar auf Druck des Bremer Senats verlassen. Dessen Sanierungsversuche scheitern: Im Sommer entstehen die letzten Isabella Coupés. Geheim bleibt ein Prototyp mit 2,3 Liter-Sechszylindermotor und Luftfederung, der für die IAA 1961 vorgesehen war.

Vorwärts-Drang: dynamische Blinker und Lampenzierringe.

Elisabeth Borgward bekam ihr Exemplar am Heiligen Abend des Jahres 1956. Auch sie ließ es nach ihren Wünschen lackieren: vom originalen Rot auf Dunkelblau. »Das Rot war ihr zu undezent«, sagt Claus Borgward. Den Prototyp hatte sie mit 90 noch immer. Sie fuhr ihn freilich nicht mehr, und auch ihr Enkel Eric ist nur selten mit dem letzten Borgward unterwegs, der im Besitz seiner Familie blieb.

Armin Lauterbach dagegen bewegt sein Coupé, so oft der Himmel die gleiche Farbe hat wie der Metallic-Lack des Borgward: Aeroblau, ein Originalton aus dem Jahr 1958. Lauterbach fährt seine Isabella allerdings noch nicht allzu lange: Fünf Jahre hat sie der Dekra-Ingenieur restauriert, über 3000 Stunden hat er mit ihr in der Garage verbracht. Der 33jährige versenkte den Gegenwert eines Mercedes in seinem Borgward, der in Fan-Kreisen als eines der am besten restaurierten Exemplare in Deutschland gilt.

Ehemalige Mitarbeiter des Bremer Werks raunen heute, dass er sogar besser geriet als damals die Serien-Exemplare. Viele Anhänger der 1961 erloschenen Marke reden nicht gern über die großen Spaltmaße der Isabella-Karosserien, und sie erwähnen nur räuspernd, dass die Schöne ihr Leben lang nicht ganz wasserdicht war.

Es ist mit der Isabella wie im richtigen Leben: Traumfrauen sind gewöhnt, dass man ihnen willig verzeiht. Manche Enthusiasten waren der Isabella sogar verfallen, ohne sie jemals gefahren zu sein. »Ich war Zivildienstleistender, und auf meinem täglichen Weg zur Dienststelle parkte ein Coupé«, sagt Isabella-Besitzer Lauterbach. »Ich habe es jeden Tag gesehen – und irgendwann war eben alles zu spät.«

Die erste Begegnung mit einem Isabella Coupé kann nicht sofort hinter ihr Lenkrad führen. Sie beginnt zumeist mit dem genüsslichen Umrunden ihrer Karosserie,

Mit 75 PS zählte die Isabella zu den schnellen Autos deutscher Straßen.

mit dem Studium ihrer Form: den betonten Hüften, dem koketten Schwung ihrer hinteren Kotflügel und dem Fluss ihrer Seitenlinie.

Aufmerksame Betrachter haben dabei schnell registriert, wie dezent Carl F. W. Borgward den Chromschmuck über seine Kreation verteilte: Auf Isabellas Flanken glitzert nur ein Borgward-Schriftzug und eine Zierschwinge, die sich an die Oberkante des hinteren Kotflügels schmiegt. Die schärfste Rivalin der zweisitzigen Isabella war stets ihre ältere Schwester: Die Limousine schien vielen Auto-Kennern der fünfziger Jahre noch harmonischer geraten zu sein als das Coupé. Was dem etwas molligen Basis-Borgward aber fehlt, ist die Leichtigkeit des Coupés: Sie konserviert in der Erinnerung vieler Zeitzeugen bis zum jüngsten Tag den Ruf eines typischen Damen-Wagens.

Dabei sind zierlich gewachsene Pilotinnen im Cockpit der Isabella gezwungen, sich ganz undamenhaft zu verrenken. Sie peilen die Straße durch den Lenkradkranz an, haben den Sitz bis zur vordersten Raste zu rücken und greifen dann mit abgewinkelten Armen nach dem Volant. Großgewachsene Isabella-Fahrer dagegen streifen mit ihren Scheiteln den Dachhimmel. So gab es vermutlich nur einen Isabella-Besitzer, der in seinem Wagen bequem saß: Carl F. W. Borgward selbst, der seine Autos nach den eigenen Maßen zu bauen pflegte.

Das Cockpit der Isabella wirkt heute, als habe sich Borgward mindestens so sehr von zeitgenössischen Architektur-Magazinen leiten lassen wie von seinem Leibblatt

auto motor und sport. In ihren Wohnzimmern konnten Borgward-Käufer damals einer ganz ähnlichen Farben- und Formensprache begegnen wie in ihrem Auto.
Das Armaturenbrett besteht aus jenem hellbeige lackierten Kunststoff, der heute an die Oberflächen der nierenförmigen Blumentischchen erinnert. Das Cockpit ist mit goldfarbenen Kunststoff-Zierleisten besetzt und trägt eine Tastengalerie, wie sie an den edelhölzernen Grundig-Musiktruhen jener Jahre zu finden war. Die Fensterrahmen sind mit Nussbaumholz furniert, den Boden bedeckt dicker, sandfarbener Bouclé-Stoff. Die Sitze sind mit zweifarbigem Acella-Kunstleder bezogen – es ist dasselbe Material, mit dem Carl F. W. Borgward seine private Hausbar auskleiden ließ.
Ein kurzer Zug am Choke, ein Druck auf den zierlichen Anlasserknopf – es folgt maßloses Erstaunen bei Piloten, die zum ersten Mal am Steuer eines Borgward sitzen. Unter der Haube wohnt das Gegenteil eines seidig laufenden Triebwerks: Der schlanke Stoßstangenmotor trieb in seiner Basisversion nicht nur die Isabella Limousinen an, sondern auch leichte Lastwagen des Bremer Hauses. Es ist nicht zu überhören, in welcher der beiden Welten er akustisch mehr zu Hause war. Dass er jedoch aus seinen 1,5 Liter Hubraum äußerst beachtliche 75 PS zu schöpfen

▶ Zwei verchromte Ascher und eine Drucktasten-Klaviatur: Ihre Symbole waren von hinten beleuchtet.

Feines Heck: schlanke Leuchten, wenig Chrom.

Das Isabella-Triebwerk leistet 75 PS.

vermochte, war Ende der Fünfziger bemerkenswerter als seine etwas zu deutliche Aussprache.

Das kehlige Leerlaufgrummeln schwillt bei Landstraßentempo 100 zum bassigen Grollen an. Wenn das stolze Spitzentempo von etwas über 150 km/h anliegt, wirkt das Triebwerk weniger gestresst als der heutige Fahrer: Vor seinem geistigen Auge sieht er die glücklichen Paare aus den Borgward-Prospekten – einander anschreiend, um ihr eigenes Wort noch zu verstehen, während weiter vorne die Kurbelwelle 4700 Mal pro Minute rotiert.

Das war vor 40 Jahren der Preis dafür, in einer Art vorzeitlichem Mercedes CLK unterwegs zu sein. Denn Daimler-Benz hatte in der Isabella-Preisklasse nur die betuliche 190er Limousine zu bieten. Ihre Fahrer konn-

ten zwar die Lichthupe zum Verscheuchen der vielen Käfer, Opel Rekord und Ford 15 M benutzen, die Isabella aber mussten sie vorbeiziehen lassen. Die nächstschnelleren deutschen Coupés lieferte Porsche. Während allerdings ein antiker 356 bis heute zum Driften lädt, versenkt sich die Isabella lieber in der Gelassenheit ihrer norddeutschen Heimat. Sie trägt Trommelbremsen und eine hintere Pendelachse wie der Porsche, aber Kurvensägen macht mit ihr keinen Spaß. Der Grenzbereich passt nicht zu ihrer Aura – erst recht nicht, wenn sie noch auf Diagonalpneus des alten Formats 5,90-13 tänzelt.

Bei gerader Piste und Tempo 100 fühlt sich eine Isabella besser, und wer seinen Puls auf das Pochen ihres Motors einstimmt, lernt auch den artgerechten Wechsel ihrer Fahrstufen: Der dünne Taktstock der Lenkradschaltung liebt es, wenn für den Fahrer die Zeit stillzustehen scheint. Das ist für Borgward-Fans ohnehin eine tröstliche Stimmung: Sie denken sonst zu viel über die Gründe nach, die zum Tod der Isabella führten. Sie denken an einen Konkurs, der keiner war, weil am Ende noch ein paar Millionen Mark übrig blieben, und an Carl F. W. Borgward, den Pragmatiker, der die Form des Coupés mit dem Brotmesser aus einem Plastilinklumpen schnitzte. Es gelang ihm, als habe er geahnt, dass seine Marke noch ein Denkmal brauchte.

Text: Christian Steiger
Fotos: Reinhard Schmid

Daten & Fakten Borgward Isabella TS Coupé

Motor
Vierzylinder-Viertakt-Reihenmotor, vorn längs eingebaut, seitliche Nockenwelle, angetrieben durch Novotex-Stirnrad, hängende Ventile, über Stoßstangen und Kipphebel betätigt, Bohrung x Hub 74 x 84,5 mm, Hubraum 1493 cm^3, Verdichtung 8,2 : 1, Leistung 75 PS bei 4700/min, maximales Drehmoment 114 Nm bei 3000/min, ein Solex-Register-Fallstromvergaser 32 PAITA, 40 Liter-Tank im Heck, ab 1958 46 Liter Tankinhalt

Kraftübertragung
Antrieb auf die Hinterräder, vollsynchronisiertes Vierganggetriebe mit Lenkradschalthebel, auf Wunsch ab 1960 »Saxomat«-Kupplungsautomatik oder automatisches »Hansamatic«-Getriebe, Übersetzung: I. 3,86, II. 2,15, III. 1,36, IV. 1,00, Antrieb 3,9

Karosserie/Fahrwerk
Selbsttragende Ganzstahlkarosserie, vorn Einzelradaufhängung an Doppel-Querlenkern, Schraubenfedern, Stabilisator, hinten Einzelradaufhängung an Pendelachse, Zugstreben, Schraubenfedern, vier Trommelbremsen, Einkreis-Bremssystem, Reifengröße 5,90-13 Sport, Felgen 41/2 J T 13

Maße/Gewichte
Radstand 2600 mm, Spur vorn/hinten 1336/1360 mm, ab August 1958 1346/1370 mm, Außenmaße (Länge x Breite x Höhe) 4390 x 1720 x 1350 mm, Leergewicht 1120 kg

Fahrleistungen
Beschleunigung von 0 auf 100 km/h 18,5 s, Höchstgeschwindigkeit 155 km/h (Messwerte aus *auto motor und sport* 12/1958), Verbrauch: 9,2 Liter Superbenzin auf 100 km (Testwert)

Bauzeit
Januar 1957 bis Juli 1961

Stückzahl
9537, Gesamtproduktion aller Isabella-Modelle: 202 813

Clubs
Carl-F. W.-Borgward-Interessengemeinschaft, Hartmut Loges, Paul-Goerens-Straße 30, 45145 Essen, Telefon/Fax 0201/757444; Borgward-Club Bremen, Postfach 110346, 28083 Bremen, Tel. 04207/2558; Borgward-Club Frankfurt/Würzburg, Marion Härzer, In der Rosengewann 9, 60437 Frankfurt, Telefon 06101/43399; Borgward Club Schweiz, Ulrich Bühlmann, Ifangstraße 35, CH – 8604 Volketswil, Telefon 01/9453430; Borgward Club Österreich, Franz Irger, Gärtnerweg 4, A – 4910 Ried, Telefon 07752/88645

Mit Schwung:
Die Kurven der Kotflügel dominieren die Silhouette.

coupé

1964

NSU Spider

Reifeprüfung

▶ *Als NSU 1964 den Spider auf die überraschte Kundschaft losließ, begann ein Experiment in mehrfacher Hinsicht. Als erstes Serienauto der Welt wurde dieser offene Sportwagen von einem Wankelmotor angetrieben, aber von Serienreife konnte keine Rede sein.*

▶ Beziehungs-Kiste: Der Spider taugt nur für zwei Passagiere; das Verdeck verschwindet völlig zwischen Sitzen und Kofferraum.

Davon träumt fast jeder kleine Junge, der sich für Autos interessiert: Eines Tages für eine große Firma Testfahrer zu sein und tagaus, tagein mit den größten, schnellsten und tollsten Kisten durch die Lande zu düsen. Für die meisten bleibt's zwar ein kindliches Hirngespinst, doch manchmal sind die Träume näher, als man denkt.

Gegen Mitte der sechziger Jahren bekamen beispielsweise viele Autofahrer die Gelegenheit, Testfahrer zu werden – sie brauchten sich nur den neuen NSU Spider zu kaufen. Kaum einer wusste allerdings von der Bedeutung seines Tuns, und erst später gab der Neckarsulmer Hersteller zu, dieses neue Modell im Großversuch der Kunden weiterentwickelt zu haben. Zum ausgiebigen Entwickeln fehlte die Zeit, und so schaffte sich NSU kurzerhand 2375 Testfahrer an, die natürlich nicht auf der Gehaltsliste des Unternehmens standen – aber auf hunderttausenden Kilometern fleißig Erfahrungen sammelten.

Bei NSU war schließlich Eile geboten, da konnten nicht, wie allgemein üblich, noch großzügig ein paar Jährchen in die Entwicklung gesteckt werden: Nach der 1951 eingegangenen Bindung mit Felix Wankel, die es dem eigenwilligen Konstrukteur aus Lindau am Bodensee überhaupt erst ermöglichte, seine Idee eines Kreiskolbenmotors bis hin zum Serienbau zu entwickeln, mussten unerwartet schnell Ergebnisse her. Der amerikanische Wankel-Lizenznehmer Curtiss-Wright war verfrüht mit der revolutionären Antriebstechnik in die Öffentlichkeit gegangen und zwang damit Felix Wankel, die bislang geübte Zurückhaltung aufzugeben. Auf einer VDI-Tagung im Januar 1960 referierte er erstmals ausführlich über seine Erfindung.

Nun wartete die Autowelt auf handfeste Fakten. Außerdem drängte mit Mazda ein weiterer Lizenznehmer zu Tempo: Die Japaner wären nach der Vertragsunterzeichnung von 1961 erst dann bereit, die Lizenzgebühren an NSU und Wankel zu zahlen, wenn die Deutschen ein fahrbereites Serienmodell auf die Räder gestellt hätten.

NSU leitete seinen nötig gewordenen Schnellschuss geschickt ein. Man ließ den neuen Motor in weiser Voraussicht in einem sportlichen Auto debütieren, weil dessen Käufer, so das Kalkül der Verantwortlichen in Neckarsulm, vermutlich eher moderner Technik aufgeschlossen seien. In einem braven Familienauto wie dem NSU Prinz wäre das progressive Triebwerk dagegen gewiss fehl am Platz gewesen, die schon erwarteten Schwierigkeiten hätten eine Vielzahl treuer Kunden verprellt.

Ein sportliches Modell lief dagegen bei den ehemaligen Motorradbauern in Neckarsulm bereits vom Band. Der kleine, freche Sportprinz genoss dank seiner schicken, von Nuccio Bertone gezeichneten Karosserie Anerkennung, obwohl er mit seinem luftgekühlten, dreißig PS starken Zweizylindermotor nicht gerade einen Ausbund an Sportlichkeit repräsentierte.

Für das neue, werksintern Typ 56 genannte Projekt kappten die NSU-Stylisten um Claus Luthe, dem späteren BMW-Designchef, das Dach des Sportprinz und modifizierten die Front des knapp 3,60 Meter langen Wägelchens. Denn dort musste, ein Novum bei NSU, der Wasserkühler für den Einscheiben-Wankelmotor untergebracht werden. Dieses zum Motor der Zukunft apostrophierte Aggregat platzierten die NSU-Techniker um Entwicklungschef Walter Froede anstelle des Zweizylinders in das mit dezenten Heckflossen dekorierte Heck, verbanden es mit dem unter der Fronthaube versteckten Kühler und sorgten damit dafür, dass der neue Spider trotz Heckmotor und Heckantrieb über einen Kardantunnel verfügt: In ihm verlaufen die Leitungen der Wasserkühlung.

Mit seinem Kammervolumen von 500 Kubikzentimetern geriet das unkonventionelle Triebwerk derart klein und kompakt, dass es im Spider neben dem Front-Kofferraum sogar noch ein zweites Staufach im Heck ermöglichte. Damit der tief unten angeordnete Motor die lebenswichtige Luft zum Atmen bekommt, wählten die Techniker eine primitive, aber schmuckvolle Methode: Sie sägten ein Loch in die hintere Haube und führten ein Saugrohr zum Ansaugtrakt. Den wenig attraktiven Ausschnitt im Karosseriekleid dekorierten sie mit einem goldenen und kreisrunden NSU-Emblem, das mit einem Abstand von wenigen Millimetern das ungewöhnliche Luftloch bedeckt.

Seinen ersten öffentlichen Auftritt erlebte der kleine Flitzer 1963 auf der IAA in Frankfurt. Das unscheinbare

▶ **Dynamisch: Das schmucke Blechkleid stammt von Bertone.**

Cabrio geriet zum heimlichen Star der Ausstellung, denn so etwas hatte das versammelte Publikum noch nicht gesehen: Erstmals in der Geschichte des Serienbaus schöpfte ein Verbrennungsmotor seine Kraft aus einem dreieckigen Kolben, der in einem rundlichen, entfernt an die Form einer Acht erinnernden Brennraum rotierte. Dieses Konzept verblüffte nicht nur konservative Motorentechniker, auch die deutschen Finanzämter wussten nicht mit dieser Technik umzugehen. Weil sich in den Amtsstuben niemand darüber im klaren war, wie der Hubraum des Wankels zu berechnen sei, wurden die NSU Spider der Einfachheit halber vorläufig gar nicht, dann nach Gewicht besteuert.

Die mutigen Spider-Fahrer ließen sich wegen solcher bürokratischer Probleme jedoch nicht davon abhalten, ihr hypermodernes Cabrio zu genießen – solange es lief. Stolze fünfzig PS leistete der Wankelmotor, das war mehr als genug, um bei einem Leergewicht von 700 Kilogramm manch stärkerem Konkurrenten auf der Straße die beiden spitzen Heckleuchten zu zeigen. Ein Austin-Healey Sprite beispielsweise brauchte bei nahezu gleichem Gewicht, aber fünf PS Mehrleistung im Sprint von Null auf 100 km/h fast zwei Sekunden mehr als der Spider; selbst der sechzig PS starke Glas S 1304 kam weder in Beschleunigung noch Höchstgeschwindigkeit an die schwäbische Kreissäge heran.

Sportliches Armaturenbrett mit Drehzahlmesser (oben).

Dezenter Chrom schmückt die filigrane Front (rechts).

Als solche machte der Spider in der Tat auf sich aufmerksam: Die Alltags-Testfahrer trieben den Drehzahlmesser in Regionen bis 7000/min, das waren Werte, von denen die Pleuel und Ventile konventioneller Hubkolbenmotoren nur träumen konnten. Der Wankel schwang sich dagegen mit derart spielerischer Leichtigkeit zu solchen Drehzahlhöhen hin, dass er selbst jenseits der

A YD 1

Ein selbstbewusster Schriftzug weist auf die neue Technik hin.

Die Tankklappe schmiegt sich in den Kotflügel.

roten Drehzahl-Markierung keineswegs den Eindruck machte, am Ende seiner Möglichkeiten angelangt zu sein.

Das traf schon eher für einzelne Bauteile des Aggregats zu, unter anderem die Dichtleisten. Entsprechend der Kolbenringe haben sie im Wankelmotor die Aufgabe, den Verbrennungsraum abzudichten. Während sich beim Kolben mehrere Kolbenringe diese Arbeit teilen, muss beim Wankelmotor eine Dichtleiste höhere Drehzahlen und höhere Temperaturen aushalten. Die Abdichtung entwickelte sich zur Kardinalfrage beim NSU Spider. »Wir haben alles versucht außer Lumpen, Knochen und Papier«, erinnerte sich einst ein Ingenieur an die Abdichtungsprobleme in der Frühzeit des Kreiskolbenmotors.

Neben den privaten Testern in Person der Spider-Käufer nahm auch *auto motor und sport* den kleinen Revoluzzer in einem 50 000 Kilometer-Dauertest unter die Lupe. Beständig zeigte sich der Spider vor allem in der Häufigkeit seiner Defekte. Schon nach 2400 Kilometern musste ein Motorschaden im Werk behoben werden, nach 4000 Kilometern wurde der Motor getauscht. Bei 7500 musste der Motor neu abgedichtet, und bei 14 000 Kilometern das Kammergehäuse zum zweiten Mal erneuert werden. Bei Kilometerstand 37 600 gab es schließlich wieder einen neuen Teilemotor, immerhin den letzten bis zum Dauertestende. Nicht viel besser erging es den privaten Besitzern des Spiders. Sie genossen glücklicherweise das Privileg, dass NSU alle Mängel, die konstruktiv den Wankelmotor betrafen, auf Kulanz reparierte.

Heute sind solche Querelen Geschichte. Mazda, der einzig verbliebene Autohersteller mit einem Wankelmotor im Angebot, hat den Rotierer dank widerstandsfähiger Grauguss-Dichtungen zuverlässig gemacht. Die Mazda-Dichtleisten verhelfen nun auch dem in Würde gealterten NSU Spider zu der Brennraum-Abdichtung, die er vor dreißig Jahren dringend gebraucht hätte.

Der Reiz des Fremdartigen ist dem offenen Klassiker dennoch geblieben: Das beginnt schon nach der ersten Zündschlüssel-Umdrehung, wenn der Wankelmotor im Heck zu kreischen beginnt. Lauter und rauer als beispielsweise der mit zwei rotierenden Scheiben bestückte Motor des NSU Ro 80 kündet er lauthals davon, dass bei ihm Benzin auf anderen Wegen verbrannt wird als in konventionellen Klassikern. Mit leichter Verzögerung nimmt der Kreiskolbenmotor Gas an und klärt schon beim ersten Anfahrversuch darüber auf, dass er für hohe Drehzahlen gebaut wurde. Auf mindestens 2500/min muss der Zeiger des Drehzahlmessers steigen, bevor der Fahrer die Kupplung kommen lässt – darunter reagiert die Kreissäge eher wie ein Zweitakter, dem in solchen Situationen hilflos die Drehzahl zusammenbricht.

Die Erinnerung an diese mechanisch einfachere Motorentechnik kommt auch jedes Mal auf, wenn der Spider im Schiebebetrieb auf eine Kurve zurollt. Dann knallt und brazzelt es hinterrücks recht lebendig – eine Eigenart, die für diesen Wankelmotor typisch ist, wie Spider-Besitzer Walter Frey aus Gersthofen bei Augsburg bestätigt. Beim Beschleunigen muss dann wieder tüchtig Gas gegeben werden, denn unter 3500/min mangelt es dem 50-PS-Motor an Leistung. Erst jenseits dieser Grenze

geht es ordentlich voran, und so wollen die vier Vorwärtsgänge im hakeligen Getriebe fleißig geschaltet werden, damit sich der kreisende Kolben stets in einem nutzbaren Drehzahlbereich wohlfühlen darf.
Ohne dass der Motor lauter wird, klettert die Nadel bis zum Beginn des roten Bereichs bei 6000/min, das obere Ende der Drehzahl wird bestenfalls durch das Erreichen maximaler Leistung erreicht: Wenn der Spider nicht mehr schneller wird, schaltet man eben einen Gang höher.
Bei dieser Charakteristik werden schaltfaule Fahrer mit diesem Auto nicht glücklich, der Wankel zwingt zu sportlicher Fahrweise. Die Lenkung trägt ihren Teil dazu bei: Sie reagiert äußerst direkt und schickt die kurze Schnauze des NSU ohne Umschweife auf den eingeschlagenen Kurs – wenngleich das relativ flach stehende Lenkrad zu einer eher unsportlichen Haltung veranlasst. Dass der kleine NSU dennoch sportliche Qualitäten besitzt, bewies 1967 Siegfried Spiess: Er wurde damals im Wankel-Spider Deutscher Bergmeister.
In der zivilen Version qualifiziert sich der revolutionäre Spider jedoch zum geeigneten Mittel für sonntägliche Oldtimer-Ausfahrten: Bei zurückgeschlagenem Verdeck sitzen die Passagiere selbst bei versenkten Seitenscheiben einigermaßen windgeschützt hinter der hohen Frontscheibe. Hinterrücks herrscht grenzenlose Offenheit, denn die Spider-Gestalter schufen einen aufwändigen, aber wirkungsvollen Mechanismus für das Verdeck. Es wird in zusammengeklapptem Zustand auf einer Schiene waagerecht unter das Karosserieblech vor der Motorhaube geschoben.
Einmal mehr verdeutlicht dieses Auto, dass Motorleistung und Größe zweitrangig sind, wenn es darum geht, mit einem Oldtimer unerschöpflichen Fahrspaß zu erleben. Und wer fährt heute schon einen Klassiker, der die Autowelt revolutionieren sollte?

Text: Ulrich Bethscheider-Kieser
Fotos: Michel de Vries, Reinhard Schmid

Daten & Fakten NSU Spider

Motor
Wassergekühlter Einscheiben-Kreiskolbenmotor, im Heck eingebaut, Kammervolumen 500 cm³, Verdichtung 8,6 : 1, Leistung 50 PS (37 kW) bei 6000/min, max. Drehmoment 7,2 mkg (70,6 Nm) bei 2500/min, Druckumlaufschmierung mit zusätzlicher Dosierpumpe, Gemischaufbereitung durch einen Solex-Flachstromvergaser 18/32 HHD, Batterie 12 Volt 55 Ah

Kraftübertragung
Einscheiben-Trockenkupplung, Hinterradantrieb, vollsynchronisiertes Vierganggetriebe, Übersetzungen: I. 3,08, II. 1,77, III. 1,17, IV. 0,85, R. 3,43, Achse 4,43

Karosserie/Fahrwerk
Selbsttragende Ganzstahlkarosserie, Radaufhängung vorn an Trapez-Dreiecksquerlenkern, progressiv wirkende Schraubenfedern mit Querstabilisator, hinten Einzelradaufhängung an Schräglenkern, Schraubenfedern, vorne Scheiben-, hinten Trommelbremsen, Zahnstangenlenkung, Räder 4.00 x 12, Reifen 5.00 x 12

Maße/Gewicht
Radstand/Länge 2020/3580 mm, Breite/Höhe 1680/1260 mm, Spur vorn/hinten 1246/1227 mm, Leergewicht 700 kg

Fahrleistungen
Höchstgeschwindigkeit 154 km/h, Beschleunigung Null bis 100 km/h 14,5 s

Bauzeit
1964 bis 1967

Stückzahl
2375

Clubs
NSU Wankel-Spider-Club e.V., Wilhelm-Levison-Straße 12, 53115 Bonn, Telefon 0228/9493 0010, Fax 0228/9493 0019, e-Mail: xperience@t-online.de

Auf den ersten Blick wirkt der NSU Spider wie ein Spielzeugauto; am Heck dekoriert eine Plakette den Ansaugtrichter.

FDS WZ 67
05
10
D
NSU PRINZ Club Schwaben e.V. seit 1981
D

Glas 1700 GT

Vorsicht Glas

▶ *Elegantes Design und ein moderner Motor machen den Glas 1700 GT zum Sportwagen – so vorsichtig wie Glas braucht er jedoch nicht angefasst zu werden.*

▶ **Mehr Schein als Sein: So sportlich wie die Optik verhieß, war der Glas 1700 GT nie.**

Scherben bringen Glück – so behauptet es zumindest das Sprichwort. Der Glas-Bruch, den es Ende 1966 im bayerischen Dingolfing zusammenzukehren galt, hatte mit Glück jedoch nur wenig zu tun. Er bedeutete vielmehr das Ende der jungen Automobilmarke Glas.

Dabei hatte es nur zwei Jahre zuvor für das Unternehmen noch so gut ausgesehen: Die einst als Landmaschinenfabrik gegründete Firma feierte damals ihre ersten zehn Jahre als Autoproduzent, und die Fachpresse prophezeite ihr eine großartige Zukunft.

Denn obwohl Glas als Familienunternehmen nur mit begrenzten finanziellen Mitteln geführt wurde, war innerhalb kürzester Zeit eine breite Modellpalette entstanden. Sie reichte vom Kleinwagen, dem Goggomobil, über die Mittelklasse bis hin zum gerade entstehenden Oberklasse-V8. »Hans Glas war sich jedoch immer des Risikos bewusst, dass er das Unternehmen eines Tages verkaufen müsse«, erinnert sich Karl Dompert, der ehemalige Chefkonstrukteur bei Glas.

An Innovationen mangelte es Glas indes keineswegs. 1958 entstanden erste Zeichnungen für einen Reihen-Vierzylindermotor, der mit einem wegweisenden Novum aufwartete. Der Antrieb der obenliegenden Nockenwelle erfolgte nicht über eine Kette, sondern mittels eines Zahnriemens. »Dadurch konnten der Motorblock und die Ölwanne verkürzt werden, das brachte Gewichtsvorteile«, erklärt Dompert.

Zu verdanken ist die ungewöhnliche Motorkonstruktion einer defekten Waschmaschine. Als Glas-Sohn Andreas das streikende Haushaltsgerät untersuchte, weckten die darin verborgenen Antriebsriemen sein Interesse. Dieses Prinzip, glaubte er, müsse sich auch bei einem Automotor realisieren lassen.

Premiere feierte der Zahnriemen 1962 im Glas S 1004 Coupé. Die sportlichen Charakterzüge des Vierzylinders kamen jedoch erst ein Jahr später in einem optisch entsprechenden Auto zur Geltung: Glas stellte auf der IAA mit dem 1300 GT ein Coupé vor, das die Blicke der Zuschauer auf sich zog wie ein Fotomodell auf dem Laufsteg.

Derart attraktives Karosseriedesign war seinerzeit nicht Sache der Deutschen, sondern wurde südlich der Alpen perfektioniert. Auch die jüngste Glas-Perle holte sich dort den letzten Schliff: Der innerhalb eines halben Jahres realisierte Entwurf für das Coupé sowie das gleichzeitig vorgestellte Roadster-Cabrio stammen von Pietro Frua.

Frua war der einzige gewesen, der auf ein Schreiben von Andreas Glas an die italienischen Karossiers, in dem er nach einem Partner suchte, überhaupt reagiert hatte. Immerhin brauchte der Italiener nach dem Konkurs von Borgward einen neuen Kunden.

»Wir haben in Dingolfing Innenraum und Fahrgestell festgelegt«, erzählt Chefkonstrukteur Dompert. Und: »Mit Zeichnungen im Maßstab 1:1 fuhren wir dann zu Frua, der die äußere Form kreierte.«

Den 1983 verstorbenen Designer hat Dompert als angenehmen Geschäftspartner in Erinnerung. »Frua sah vor allem die Schönheit seines Entwurfs, aber er hatte auch Verständnis für unsere Sorgen.« Im Reden sei er ein richtiger Italiener gewesen. »Man musste ihn erst einmal

Historie

1963
Auf der IAA werden neben der 1700er Limousine das neue Coupé sowie das Cabrio gezeigt.

1965
Auf dem Genfer Salon präsentiert Glas den 1700 GT; Frua zeigt einen in Eigeninitiative entwickelten viersitzigen GT. Auf der IAA trägt der 1300 GT die gleiche Motorhaube wie der 1700 GT.

1966
Im Spätherbst übernimmt BMW die Hans Glas GmbH, der GT wird mit modifizierter Optik und BMW-Motor und -Hinterachse als BMW 1600 GT bis 1968 weitergebaut.

Frua entwarf für den Glas eine schlanke Front.

eine halbe Stunde plaudern lassen«, erzählt Dompert. Dem Fluss der Worte folgte der Fluss der Formen. Weil im Gegensatz zur 04-Baureihe der Motor des GT nicht vor, sondern über der Vorderachse ruht, sind die Karosserieüberhänge besser proportioniert. Die aufmerksam nach vorn blickenden Scheinwerfer geben dem bayerischen Coupé ein Antlitz, das ein wenig an den Ferrari 250 SWB erinnert.

Opulent wie bei einem leistungsstarken Sportwagen präsentiert sich im Glas GT auch die Armaturentafel. Sechs Rundinstrumente drängen sich im Blickfeld des Fahrers. Das gewölbte Instrumentenbord sowie die für die sechziger Jahre typische Sitzposition mit gestreckten Armen lassen eine Atmosphäre wie in einem Flugzeug aufkommen. Mit den 75 PS der ersten 1300er-Version neigt der GT aus Dingolfing indes keineswegs zum Abheben, sondern bleibt stur auf dem Boden der automobilen Tatsachen.

Als 1700er leistet der Vierzylinder immerhin 100 PS, die das Coupé auf 186 km/h beschleunigen. Doch diese 1965 eingeführte Version weiß nicht gänzlich zu überzeugen.

Als müsse er sich mühsam an seiner Leistungskurve zum Gipfel emporhangeln, wirkt der Motor etwas zäh, auch sein Klang entspricht nicht dem sportlichen Auftritt des GT. »Der 1700 war eine Notgeburt mit einem längeren Hub als gewollt«, erinnert sich Dompert, »aber

Die Hutze auf der Haube und das Glas-Emblem sind in Chrom gefasst.

die Mittel bei Glas waren knapp und wurden für andere Projekte verwendet.«

Im oberen Drehzahlbereich wird der Vierzylinder sogar so brummig, dass man gerne einen Gang höher schaltet. Dem Vortrieb tut dies keinen Abbruch, denn das maximale Drehmoment liegt schon bei 3000/min an. Freude bereiten die direkte und zielgenaue Lenkung und das neutrale Fahrverhalten. Der GT bleibt stur auf dem ein-

geschlagenen Kurs und neigt im Grenzbereich zunächst zu moderatem Untersteuern. Erst bei vollem Leistungseinsatz in engen Kehren drängt das Heck des Glas zum Kurvenaußenrand.

Ihre allerersten Meter legten die Glas GT vergleichsweise unsportlich zurück. Huckepack gelangten die in Italien gefertigten Rohkarosserien per Eisenbahn über die Alpen zur Endmontage nach Dingolfing. Die stählernen Glas-Bausteine wurden immerhin bei Frua grundiert und damit vor allzu raschem Rostbefall geschützt. Doch im Mutterwerk bei Glas wurde diese Grundierung wieder entfernt, die Karosserien wurden geschliffen und dann lackiert.

Vorsichtige Nachbehandlung erfuhr der GT schon vor dem Serienstart, als die Glas-Techniker bei den ersten fahrfertigen Modellen Dröhngeräusche feststellten. Ge-

▶ **Der Roadster bietet offenes Glas-Vergnügen und ist heute eine Rarität.**

meinsam mit seinen eiligst angereisten Partnern veränderte Frua das Blechkleid an den Scheinwerfern und den Radläufen. Dompert und seine Kollegen konnten buchstäblich beruhigt wieder nach Hause fahren. Deutlicher fielen dagegen die Veränderungen aus, die dem GT 1967 widerfuhren. Der neue Herr im Hause Glas, das BMW-Werk, ließ neben dem neuen V8 nur das Coupé im Glas-Programm kurzzeitig mit BMW-Antrieb weiterleben. Gänzlich glücklos blieb der Glas-Bruch für die Beteiligten allerdings nicht. Während die Familie Glas ihr Unternehmen für einen zweistelligen Millionenbetrag an BMW abgab, blieb Karl Dompert in Dingolfing als BMW-Werkleiter.

Text: Ulrich Bethscheider-Kieser
Fotos: Frank Herzog

▶ Glas-Baustein: Der Reihen-Vierzylinder besitzt Zahnriemen und obenliegende Nockenwelle (links).

▶ Die markanten Scheinwerfer und der tiefe Grill geben dem GT ein sportliches Gesicht (unten).

Daten & Fakten Glas 1700 GT

Motor
Vierzylinder-Reihenmotor, Bohrung x Hub 75 x 73 mm (1700 GT: 78 x 88 mm), Hubraum 1290 cm³ (1682 cm³), Leistung 75 PS bei 5500/min, ab September 1965 85 PS bei 5800/min (100 PS bei 5500/min), Gemischaufbereitung durch zwei Solex-Schrägstromvergaser 35 RH (Solex 40 RH), eine obenliegende Nockenwelle, V-förmig hängende Ventile, Batterie 6 V 77 Ah

Kraftübertragung
Hinterradantrieb, Vier- oder auf Wunsch Fünfganggetriebe

Karosserie/Fahrwerk
selbsttragende Ganzstahl-Karosserie, vorn Einzelradaufhängung an doppelten Querlenkern mit Schubstrebe unten, hinten Starrachse mit halbelliptischen Blattfedern und Panhardstab, vorn Scheiben-, hinten Trommelbremsen, Reifen 155 T 14

Maße/Gewicht
Länge/Radstand 4050/2320 mm, Breite/Höhe 1550/1280 mm, Spur vorn/hinten 1260/1200 mm, Leergewicht 930 kg

Fahrleistungen
Höchstgeschwindigkeit 170 km/h (186 km/h), Beschleunigung 0-100 km/h 12,5 s (10,6 s)

Bauzeit
1964 bis 1967 (1965 bis 1967)

Stückzahl
5013 Coupés und 363 Cabrios

Club
Glas-Automobil-Club International e. V., Rolf Konen, Osningstraße 13, 49477 Ibbenbüren, Tel. 05451/73721

Glasklar: Der GT ist eine der attraktivsten Konstruktionen des Dingolfinger Herstellers.

H 14

1966

Ford OSI 20 M TS

Nichts wie Ford

Er war eine kokette Illusion, ein Schaf im Wolfspelz, ein Spiel mit den Sehnsüchten der Sechziger: Unter dem schwellenden Blechkleid des OSI steckte nichts als Ford-Großserientechnik.

▶ Nie wieder bot Ford Köln ein Seriencoupé von so exotischem Chic an.

Krabbeln, Bellen, Fauchen. Kein Geräusch, das zu herzhaft sein könnte für diese Form des betonten Hüftschwungs, die großen 15 Zoll-Reifen und eine Motorhaube, die so lang ist wie die Fahrgastzelle eines VW Käfer.

Das dünne Holzlenkrad mit den gelochten Alu-Speichen verlangt die durchbrochenen Schweinsleder-Handschuhe, die Ende der Sechziger zu den Pflicht-Accessoires schneller Fahrer zählten. Das Hemd klebt auf fülligen schwarzen Lederpolstern, und ein runder Edelholzknauf krönt den kurzen Schalthebel, der in einem Säckchen mit edlem Faltenwurf steckt. Aber schon der erste Griff zum Hebel macht stutzig: Er offenbart ungewöhnlich großes Spiel, hakelige Führung und lange Wege.

Und natürlich kein Brabbeln, kein Bellen, kein Fauchen. Wenn Frank Madzgalla den Zündschlüssel dreht, verfällt das Triebwerk in leises Schrammeln und Ventiltriebtickern, und das rasanteste Detail des Aggregats ist sein Name: Tornado. So heißt der durch und durch bürgerliche V6-Motor, der sich hier nur ausnahmsweise in seinem geräumigen Abteil verliert, im Hauptberuf aber die gehobenen Mittelklasse-Modelle des Ford 20 M am Laufen hielt. Im OSI entwickelte er maximal 108 PS, aber das war schon eine Seltenheit: »Die meisten OSI-Coupés haben die kleine 90 PS-Maschine«, sagt Frank Madzgalla, Versuchsmechaniker eines Bremsenherstellers und Restaurator des roten Blenders. So ist das also: eine schnelle Karosserie, aber ein Zweilitermotor, der sich damit plagt, 1148 Kilogramm Leergewicht anzuschieben, und ein Fahrwerk, dem in zeitgenössischen Testberichten bestenfalls Nachsicht widerfuhr. Die Hinterachse ist starr und blattgefedert, die Lenkung in der Mittellage einen Tick zu schwammig – das alles bot Ford vor 30 Jahren für 14 500 Mark Grundpreis an. Die Kölner Marketing-Strategen verkauften in anderthalb Jahren über 2000 Stück, und sie hatten ein Automobil gebaut, das keineswegs belächelt wurde, sondern euphorisch gefeiert.

Der OSI spielte mit den Sehnsüchten des gehobenen Mittelstands, wie es der VW Karmann-Ghia oder Borgwards Isabella Coupé ein Jahrzehnt zuvor getan hatten: Er vereinigte den Wunsch nach einem exclusiven Coupé mit der Angst des Normalverbrauchers vor vielen Nockenwellen und Vergasern, großem Hubraum und noch höherem Spritverbrauch.

Freilich war der OSI für die Ansprüche seiner Zeit auch nicht so langsam, wie es die Spötter glauben machten: Das 90 PS-Triebwerk stellt noch auf heutigen Landstraßen durchaus zügiges Fortkommen sicher. Und im Land der Käfer, die im besten Fall mit 128 km/h einem fernen Ziel entgegenfuhren, war der 166,5 km/h schnelle OSI kein allzu schwach motorisiertes Auto.

Historie

1965

Im Frühjahr Vertragsabschluß zwischen Ford und OSI (Officine Stampaggi Industriali) über die Entwicklung und Produktion eines Sportcoupés mit Motor, Fahrwerk und Bodenpartie des 1964 präsentierten Ford 20 M P5. Erste Prototypen entstehen im Sommer.

1966

Präsentation des OSI 20 M TS auf dem Ford-Stand des Genfer Salons im März, Anlauf der Produktion im November.

1967

Deutschland-Premiere und Auslieferung der ersten OSI-Coupés im Januar. Ab November gibt es den OSI auch mit dem neuen 2,3 Liter-V6-Motor des Ford P7 (Mehrpreis 300 Mark).

1968

Produktionseinstellung im Mai, OSI hat etwa 2200 Coupés gebaut. 1279 gingen nach Deutschland. Kurz vor Schluss bieten einige Ford-Händler noch die Aufrüstung des 2,3 Liter-Motors mit May-Abgasturbolader an (180 PS, 210 km/h).

Auf der Landstraße wirkt selbst die kleinere 90 PS-Version des OSI noch recht agil.

Die Tester von *auto motor und sport* maßen diesen Wert im Frühsommer 1967, und ansonsten erlebten sie am Steuer des Gala-Ford eine ganz neue Dimension ihres Tagwerks: »Jede OSI-Fahrt beginnt mit einem Spießrutenlauf durch eine Schar von Bewunderern. Es gibt sogar Damen, die über dem OSI die Zurückhaltung vergessen«, notierte Manfred Jantke.
Und auch Fritz B. Busch, der den feinsten Ford für die Illustrierte *Stern* probefuhr, machte seine einschlägigen Erfahrungen: »Ein Traumwagen, von dem die jungen Mädchen angezogen werden wie die Motten vom Licht.« Der geplagte Autor: »Und da soll ein Mann sich nicht schlaflos im Bette wälzen?«

Fast noch gründlicher als in den Sechzigern funktioniert die Form des OSI im Hier und Jetzt, dem Zeitalter der Ferrari-Euphorie. Vor 30 Jahren mussten sich die Tester noch von kundigen Betrachtern auf dem Parkplatz anpflaumen lassen: »Wunderschöne lahme Ente haben Sie da.«
Aber in der Neuzeit gibt es kaum noch Kenner, die von der bürgerlichen Basis wissen, zumal auf der gesamten Karosserie kein dunkelblaues Oval-Logo klebt, sondern nur das viereckige OSI-Emblem, das wie vor 30 Jahren kein Laie zuordnen kann.
Es ist heute so unbekannt wie die Bedeutung des Herstellerkürzels: OSI bedeutet Officine Stampaggi Industriali, was auf deutsch viel ernüchternder klingt – Werkstätten für industrielle Pressen.
»Das Emblem war damals eine verkaufspsychologische Frage«, sagt Werner Gausch, der für den Auftritt des OSI

Einsam hängt der kleine V6-Motor in seiner Behausung (links oben).

Schöner Schein: Teakholz, rasantes Lenkrad, Veglia-Uhren (links unten).

Oft verschwanden die Original-Spiegel zugunsten der modischen Talbot-Exemplare (rechts oben).

in den sechziger Jahren als Ford-Produktplaner verantwortlich zeichnete: »Wir wählten bewusst das exotische Markenzeichen und den exclusiven Auftritt.«
Ist der OSI heute auch noch Ferrarirot lackiert wie Frank Madzgallas Exemplar, wird die Ausfahrt für übermäßig sensible Fahrer zum fraglichen Vergnügen. Am hölzernen Lenkrad, hinter dem teakholzbelegten Armaturenbrett und den runden Veglia-Uhren, fühlt sich der bestaunte Pilot ein wenig wie der Mann, der sich ein grünes Krokodil auf den C & A-Pullover nähen ließ oder mit dem Porsche-Schlüssel winkt, während an seinen Hosenbeinen noch die Fahrradklammern blitzen.
»Feeerrarriii!«, liest der OSI-Fahrer von wildfremden Lippen hinter entgegenkommenden Windschutzscheiben ab, Blondinen werfen tiefe Blicke in den Innenraum, und die Landjugend, die das rote Coupé auf der Hauptstraße vorbeigleiten sieht, glaubt sichtlich an ein Ding aus einer großen, anderen Welt.

»Ferrari? Maserati? Pininfarina-Karosserie?«, wurde Frank Madzgalla schon mal beim Oldtimer-Grand Prix gefragt – er musste alles verneinen, aber sein Gesprächspartner lag nicht allzu falsch: Die Rückenpartie des OSI ist mit ihrer Fastback-Form und der Cinemascope-Heckscheibe ganz offensichtlich von Maserati Ghibli und Ferrari 275 GTS inspiriert. Und mit Pininfarina hatte Ford um 1965 tatsächlich verhandelt, war aber an den engen Bindungen des Karossiers zu Peugeot gescheitert.
»Ich machte damals eine Rundreise zu allen bedeutenden italienischen Designern«, so erinnert sich Werner Gausch, der als junger Ingenieur von Carlo Abarth nach Köln-Niehl gekommen war. »Bei Pininfarina war ich, bei Bertone, Michelotti und auch bei Frua. OSI wählten wir damals aus, weil es bei der Produktion keine Probleme mit laufenden Verträgen anderer Hersteller gab. OSI konnte von heute auf morgen anfangen.«

Etwas länger dauerte – gute 25 Jahre später – die Restaurierung des roten OSI, den Frank Madzgalla bei einem Autoverwerter im heimischen Koblenz fand. »Die Motorhaube war jahrelang der Stammplatz seines Schäferhunds gewesen. Zwischen den Zylinderbänken fand ich uralte Knochen. Und untenrum war das Auto unglaublich mürbe.«
Die Freizeit von vier Jahren und rund 30 000 Mark hat Frank Madzgalla in die Restaurierung seines Coupés gepumpt – das Doppelte des ehemaligen Neupreises, der den OSI »zum i-Tüpfel unseres Programms für exclusive Ansprüche« bestimmte, wie es Ford Deutschland-Generaldirektor Robert Layton zur Premiere formulierte.

▶ Die Rückfahrleuchte stammt vom Serien-20 M.

»Wir wollten ein Showroom-Auto, eines, das die Leute zum Händler lockt«, sagt Gausch. Wie das funktioniert, hatte 1964 das amerikanische Mutterhaus mit dem sportlichen Mustang demonstriert: Die Kunden der ersten Stunde prügelten sich um die Kaufverträge. Nachdem der OSI im März 1966 auf dem Genfer Salon geparkt hatte, bestellten die deutschen Händler sofort 1000 Exemplare. Sie hofften auf die teutonische Version der Love-Story.
Dass viele der Coupés ihre Besitzer nicht sehr lange glücklich machten, weiß heute Cord Stürmer, Chef der deutschen OSI Owners Association: »Es gab nicht den Hauch einer Hohlraumkonservierung. Viele OSI waren nach vier, fünf Jahren komplett durchgerostet.«
Auch Frank Madzgallas OSI strandete schon nach sieben Alltagsjahren und zwei Besitzern beim Autoverwerter, wie der erhalten gebliebene Original-Fahrzeugbrief im graugrünen Pappeinband beweist.
Werner Gausch dagegen erinnert sich daran, »dass die Karossen, die damals aus Turin kamen und in Niehl endmontiert wurden, für damalige Begriffe nicht schlecht verarbeitet waren«. Aber: »Ich habe ja nur die neuen OSI-Typen gesehen.«
Frank Madzgallas OSI ist besser als neu, und seine geraden, knappen Spaltmaße sehen nach sauberer Handwerksarbeit aus. »Klick«, sagt die Fahrertür beim Zufallen, und die beste Sitzposition auf den Ledersesseln zwingt größere Fahrer zu sportlich durchgestreckten Armen.
Das Leder auf den Sitzen ist noch original, Frank Madzgalla hat es nur neu imprägniert. Und irgendein OSI-Mitarbeiter hat sich 1967 in Turin große Mühe damit gemacht, die Seriennummer in jedes Verkleidungsteil der Türen zu ritzen, als wäre der OSI ein Luxusautomobil der Vorkriegszeit.
Der V6-Motor schrammelt um die 3000 Touren, Frank Madzgalla schaltet bei 60 in den Vierten und erzählt, dass die Tachonadel einmal seit der Restaurierung die 200er Marke berührt hat, bergab. Es gab ab Herbst 1967 aber auch den 2,3 Liter-Motor mit 108 PS und bald darauf einen May-Turbolader, der den OSI auf 180 PS aufblies. Dann lief er die 200 km/h auch auf der Geraden – und auf der Verliererstraße. »1968 zeichnete es sich ab, dass der OSI sterben musste«, erinnert sich Werner Gausch. Kurz zuvor hatten die Karosseriebauer in Turin noch einen grazilen Cabrio-Prototyp ihres Erfolgsautos präsentiert.
Nicht nur der OSI starb, sondern auch das OSI-Werk, das für den Edel-Ford soeben in neue Produktionsstraßen investiert hatte. 1909 kam ein Coupé aus Köln, das Capri hieß, der Konkurs für OSI und ein Großfeuer, in dem die Turiner Hallen, der Ersatzteilbestand und die restlichen Rohkarossen verglühten.

Text: Christian Steiger
Fotos: Michel de Vries

▶ Das originale Blaupunkt-Köln-Radio steckt in einem kunstlederummantelten Extrafach.

»Discount-Maserati« wurde der OSI einst genannt, weil seine Silhouette den Italo-Sportlern ähnelte.

Daten & Fakten Ford OSI Coupé

Motor
Sechszylinder-V-Motor, Bohrung x Hub 90 x 60,14 mm, Hubraum 1998 cm³, Verdichtung 9:1, Leistung 90 PS bei 5000/min, maximales Drehmoment 155 Nm bei 3000/min, vier Kurbelwellenlager, zentrale, stirnradgetriebene Nockenwelle, hängende, über Stoßstangen und Kipphebel betätigte Ventile, ein Solex-Register-Fallstromvergaser, 55 Liter-Tank im Heck

Kraftübertragung
Hinterradantrieb, Einscheiben-Trockenkupplung, vollsynchronisiertes Viergang-getriebe, Übersetzung: I. 3142; II. 1,97, III. 1,37, IV 1,00, Achse: 4,0 (90 PS), 3,7 (108 PS)

Karosserie/Fahrwerk
Selbsttragende Ganzstahlkarosserie unter Verwendung der Ford P5-Bodengruppe, vorn Einzelradaufhängung an McPherson-Federbeinen, Schraubenfedern, Stabilisator, hinten Starrachse an Blattfedern, vorn Scheiben-, hinten Trommelbremsen, Einkreis-, ab Herbst 1967 Zweikreis-Bremssystem, Reifen 185 SR 15 auf Felgen 51/2 J x 15

Maße/Gewichte
Radstand/Länge 2705/4670 mm, Breite/Höhe 1808/1340 mm, Spur vorne/hinten 1475/1439 mm, Gewicht 1148 kg

Fahrleistungen
Beschleunigung 0-100 km/h 16,0 s, Höchstgeschwindigkeit 166,5 km/h (*auto motor und sport*-Testwerte, Ausgabe 18/1967)

Bauzeit
1966 bis 1968

Stückzahl
zirka 2200 Exemplare

Clubs
OSI Owners Association, Cord Stürmer, Hellerhagener Straße 90, 32545 Bad Oeynhausen, Tel. 05731/9408531; Ford Geschichtswerkstatt, A. Weinen, Am Fahrwald 16, 66646 Wadern, Tel. 06871/2481; Alt-Ford-Freunde e.V., Günter Wagner, Niersteiner Straße 12, 70499 Stuttgart, Tel. 0711/886889, e-Mail: gue.wagner@t-online.de

▶ Immerhin, Käfer-Fahrer sahen den OSI selten von vorn.

WW AA 911

1966

Porsche 911 S

Trau keinem über 35

▶ *Der Porsche 911 S feiert Jubiläum. Es gibt ihn nun seit 35 Jahren. Und er beweist, dass dies kein Alter ist für einen Porsche. Denn er geht wie ein junger, und er jubelt wie in seinen Jugendjahren bis an den Begrenzer bei 7200 Touren.*

▶ **24 480 Mark kostete der 911 S im Jahr 1966 – fast so viel wie fünf 1300er Käfer.**

Unsere Erinnerung verklärt die sechziger Jahre zum Goldenen Zeitalter der ungestümen Motorleistung. Wenn wir uns in alten Katalogen die Grenzen des seinerzeit schon hoch gesteckten Wachstums anschauen, dann ragen aus diesen letzten Jahren vor dem Einbruch der Abgasentgiftung einige wenige besonders starke Stücke weit heraus.

Es gab in den späten Sechzigern einen Ferrari 500 Superfast mit fünf Liter Hubraum und 400 PS. Die Leistungsangaben für die Chevrolet Corvette mit dem Siebenliter-Big Block-Motor reichten bis 460 SAE-PS.

Aber das Auto, das die Deutschen 1966, vor 30 Jahren also, mit seinem Temperament in Atem hielt, war der Porsche 911 S, dessen Sechszylinder-Boxer mit zwei Liter Hubraum noch das Maßhalten übte.

Mit gerade einmal 160 PS war Deutschlands Supersportwagen der frühen Jahre deutlich schwächer als moderne, sportive Mittelklässler heutzutage – ein Golf V6 zum Beispiel, ein BMW 330 i oder ein Mercedes C 320.

Dennoch, es war Ergriffenheit im Spiel, als Reinhard Seiffert 1966 den Testbericht für *auto motor und sport* mit seiner Tippa-Reiseschreibmaschine stanzte: »Es lässt sich kaum etwas Eindrucksvolleres vorstellen, als wenn man auf einem verkehrsfreien Autobahnabschnitt bei 150 km/h in den IV. Gang zurückschaltet und dann bis über 180 km/h hochbeschleunigt.«

Ansonsten schrieb Reinhard Seiffert den Test mit Glacé-Handschuhen. Denn politisch war Porsches Powerplay in den angeblich so goldenen und leistungsorientierten sechziger Jahren keineswegs unproblematisch. Fast 100 breite Zeilen widmete Seiffert der Rechtfertigung, dass solche Autos in den richtigen Händen weder unvernünftig noch verbrecherisch seien, wie das seinerzeit gerade der Münchener Strafrechts-Professor Paul Bockelmann behauptet hatte.

Technisch betrachtet wagte der Porsche 911 S im Herbst 1966 den zweiten Schritt in eine offenbar unendliche Zukunft. Er war das erste Upgrading des Urtyps 911, der 1963 auf der IAA vorgestellt wurde und 1964 mit langsam steigender Stückzahl in Produktion ging.

Mit einer Stärkung von 130 auf 160 PS schon im dritten Baujahr meldete Porsche unmissverständlich auch einen Führungsanspruch bei den deutschen Sportwagen an, denn Mercedes hatte mit dem 230 SL die Latte auf 150 PS gelegt. Und selbstbewusst war auch die Preisgestaltung: 24 480 Mark. Damit beanspruchte Porsche einen Platz in der Oberklasse.

Der Elfer war für dieses viele Geld ein ausgesprochen schlankes Auto, was nicht nur seine von Verbreiterungen noch nicht heimgesuchte Karosserie betrifft. Der Zuffenhausener High-Tech-Käfer war damals knappe 20 Zentimeter schmaler als ein Turbo heute.

Ferner hatte so ein alter Elfer nichts von dem, was einen Porsche-Fahrer mittlerweile auf verführerisch komfortable Weise von den Realitäten der Fahrdynamik distanziert: Es gab keine Servobremse und keine Servolenkung. Geräuschdämmung und -dämpfung beschränkten sich, so will es heute scheinen, auf die Erfüllung sehr groß-

Historie

1966
Präsentation des 911 S als Porsche-Topmodell. Überschrift einer S-Story im Nachrichtenmagazin *Der Spiegel:* »Jjjumm«.

1968
im August erhält der 911 S-Motor eine mechanische Benzineinspritzung und leistet jetzt 170 PS, zudem wird der Radstand aller 911 um 57 Millimeter verlängert.

1969
2,2 Liter Hubraum für alle 911, der S bringt es auf 180 PS.

1971
Neue Hubraum-Aufstockung: 2,4 Liter, 190 PS für den S.

1972
Porsches neues Flaggschiff heißt Carrera RS und leistet 210 PS, das S-Modell lebt bis 1975 weiter.

Die Nebelleuchten unter der Stoßstange waren 911 S-Serienbeigaben.

▶ **Brabbeln, Bellen, Fauchen – unverwechselbar waren die Lebensäußerungen dieses Motors (oben).**

▶ **Im Reich der Sinne: Ledersitze gab es nur gegen Mehrpreis (Mitte).**

zügiger gesetzlicher Anforderungen. Die Änderungen am luftgekühlten Boxer für den Kraftgewinn waren von klassischer Rezeptur und bemerkenswert umfangreich. Die sechs schwimmerlosen Solex-Vergaser (40 PI) wurden unter großem Beifall der Werkstätten von zwei Weber-Dreifachvergasern (40 IDS-3) vertrieben.

Statt gegossener Kolben gab es geschmiedete. Die Ventile wurden vergrößert und die Brennraumform dieser Änderung angepasst.

Neue Nockenwellen lieferten längere Öffnungszeiten. Und Auspuffkrümmer mit weiterem Querschnitt beschleunigten den Gaswechsel.

Die technische Beschreibung des neuen S-Motors war gleichzeitig eine bis heute gültige Frisieranleitung für die bereits existierenden 911. Denn viele von ihnen wurden im Lauf der Jahre und der Reparaturen zum mehr oder minder heimlichen S-Modell.

Umfangreiche Nacharbeiten gönnte Porsche damals auch dem Fahrwerk. Es gab erstmals die fünfsternigen Fuchsräder aus geschmiedetem Aluminium. Die Felgenbreite wuchs erst 1968 von 4,5 auf 5,0 Zoll, und bei den Reifen blieb Schmalhans Küchenmeister: 165 HR 15 lautete die magere Dimension.

Aber es gab nun rundum Koni-Dämpfer und innenbelüftete Scheibenbremsen. Zum vorderen Stabilisator kam ein hinterer, die Neigung des Heckmotorautos zum Übersteuern wurde damit konkreter.

Porsche-Entwicklungschef Helmuth Bott sagte seinerzeit ehrlich, was beim Elfer Sache ist: »Wer den weit überdurchschnittlich hohen Grenzbereich des 911 in der Kurve ausnutzen will, sollte in der Lage sein, mit diesem Auto korrekt umzugehen.«

▶ **Für damalige Begriffe genügend Gepäckraum.**

▶ **S geht: Der Über-Elfer war einmal Deutschlands schnellstes Serienauto.**

Der korrekte Umgang mit so einem 911 nach 30 Jahren bringt uns zurück in eine Zeit, in der reinrassige Sportwagen noch das Maß der Dinge waren. Im alten Cockpit, wo das Instrumenten-Quintett noch doppelte Chromringe trägt, herrscht eine schöne sparsame Leere: keine Konsole, keine aufdringlichen Lautsprecher-Ensembles, ein schlichtes Radio statt Ghettoblaster, ein unscheinbarer Warmlufthebel am Boden statt der Schalttafel eines Heizkraftwerks.

Der Zündschlüssel links außen weckt im Heck ein wildes Tier. Schon im Leerlauf bellt der Boxer einen lauten Viertakt. Den ermunternden Tritt aufs Gaspedal beantwortet der Motor kurzhubig und kleinkolbig mit spontanem, explosivem Hochdrehen.

Die Daten unterstreichen, was da los ist: 160 PS bei 6600 Touren, Höchstdrehzahl – schon mit Begrenzer – 7200/min. Das Drehmoment von 179 Newtonmeter – 18,2 mkg sagte man seinerzeit – lässt sich erst mit 5200/min herbeijubeln.

Das alles gibt der Motorcharakteristik den exquisiten Hauch von Nürburgring. Akustisch verschmelzen hier im alten Elfer Gaswechsel und Arbeitstakte über ein breites Drehzahlband hinweg zu einem symphonischen Inferno. Nach heutigem Musikgeschmack ist dies der ideale Sound auf einsamen, kurvenreichen Straßen. Und ehrfürchtig sollten wir jener gedenken, die vor 35 Jahren das Techno-Gehämmer auf langen und geschäftlichen Autobahnreisen ertragen haben.

Vor 35 Jahren hatte ein Porsche 911 S das uneingeschränkte Patent für große Fahrt und lange Reisen. Mit 225 km/h Spitze war er die schnellste Verbindung zwischen A und B an der Autobahn. Dass der S heute nur zum Mittelfeld der Schnellen zählt, stellt seine wahre Qualität auf keinen Fall in Frage.

▶ Ihre Übersteuerneigung machte frühe 911 in Dilettantenhand zur Waffe.

Denn längst haben wir seine echte Begabung entdeckt: die Vermittlung eines kompromisslosen Fahr-Erlebnisses auf dem kurvenreichen Asphalt stiller Bergstraßen. Aber dazu ist es wichtig, den frühen Elfer richtig zu verstehen, denn vieles ist auf eine herausfordernde Weise weniger selbstverständlich als in den jungen Elfern fünf Kulturrevolutionen später.

Die Schaltung mit dem ersten Gang hinten links erfordert anfangs Konzentration, bis man die Gerade zwischen zwei und drei als ein perfektes Bergstrecken-Menü entdeckt und die Gasse zwischen vier und fünf als die schnellste Verbindung zwischen zwei Gängen auf der Autobahn.

Die Neigung einer Porsche-Schaltung, in ihrem langen Zusammenspiel mit zuverlässiger Mechanik auszuschlagen, verleiht ihrem Benutzer die Fertigkeit eines gereiften Westernhelden, das Ziel blitzschnell und mit präzisem Gefühl aus der Hüfte zu treffen.

Die Zahnstangenlenkung ist eine weitere Erfahrung der besonderen Art. Frei von jeder hydraulischen Unterstützung ist sie zwar beim Rangieren etwas schwergängig, aber sobald der Porsche rollt, ist jede Anstrengung vorüber.

Der alte Elfer mit dem kurzen Radstand (2211 mm) lenkt willig bis gierig in die Kurven ein. Er fordert mit zunehmender Querbeschleunigung kräftig wachsende Haltekräfte am Lenkrad, die unmissverständlich nachlassen, wenn das Heck zu wischen anfängt.

Wir haben hier ein ehrliches altes Auto, das frei und offen nur die Wahrheit spricht. Also gibt es auch sonst keine Beschönigungen, der Straßenzustand wird korrekt und ohne Unterlass im Lenkrad mitgeteilt. Da weiß man einfach, was man hat, fühlt das Profil der Straße, glaubt deren Griffigkeit zu spüren.

Direkt und ehrlich, wie sie nun mal ist, lässt diese Lenkung keinen Zweifel daran, dass der Geradeauslauf eines kurzen Elfers jenseits von 180 Sachen etwas vage ist, aber der lockeren Lenkhand lieber folgt als zwei zwingenden Fäusten. Auch erinnert uns ein solcher Porsche daran, dass nicht die Seitenwinde heute schwächer sind, sondern die meisten Autos sehr viel windstabiler. Die Porsche 911 der Gründerjahre genießen einen fürchterlichen Ruf als gnadenlose Querathleten. Eine Begegnung in der Gegenwart mit einem dieser driftigen Alten ist nicht gleich in der ersten Kurve quer und abenteuerlich. Der technische Fortschritt nimmt einfach keine Rücksicht auf den Denkmalschutz des reinen Übersteuerns.

Daten & Fakten Porsche 911 S

Motor

Sechszylinder-Boxermotor im Heck, zwei obenliegende Nockenwellen, angetrieben durch Kette, Bohrung x Hub 80 x 66 mm, Hubraum 1991 cm³, Verdichtungsverhältnis 9,8:1, Leistung 160 PS bei 6600/min, max. Drehmoment 18,2 mkg (179 Nm) bei 5200/min, Gemischaufbereitung durch zwei Dreifach-Fallstromvergaser Weber 40 IDS; ab August 1968: Vordichtungsverhältnis 9,9:1, Leistung 170 PS bei 6800/min, max. Drehmoment 18,5 mkg (182 Nm) bei 5500/min, Bosch-Saugrohreinspritzung mit Sechsstempel-Pumpe; ab August 1969: Bohrung x Hub 84 x 66 mm, Hubraum 2195 cm³, Verdichtungsverhältnis 9,8:1, Leistung 180 PS bei 6500/min, max. Drehmoment 20,3 mkg (199 Nm) bei 5200/min; ab August 1971: Bohrung x Hub 84 x 70,4 mm, Hubraum 2341 cm³, Vordichtungsverhältnis 8,5:1, Leistung 190 PS bei 6500/min, max. Drehmoment 22 mkg (216 Nm) bei 5200/min; ab August 1973: Bohrung x Hub 90 x 70,4 mm, Hubraum 2687 cm³, Verdichtungsverhältnis 8,5:1, Leistung 175 PS bei 5800/min, max. Drehmoment 24 mkg (235 Nm) bei 4000/min, elektronische Bosch-Kraftstoffeinspritzung (K-Jetronic)

Kraftübertragung

Hinterradantrieb, Einscheiben-Trockenkupplung, Fünfganggetriebe, Übersetzungen (erste Serie bis August 1968): I. 3,091, II. 11889, III. 1,318, IV. 1,040, V. 0,857, Achse 4,428, auf Wunsch zwischen August 1967 und August 1968 mit halbautomatischem Sportomatic-Vierganggetriebe

Karosserie/Fahrwerk

Selbsttragende Karosserie, vorn Einzelradaufhängung an Querlenkern und Dämpferbeinen, Längs-Federstäbe, hinten Einzelradaufhängung an Schräglenkern, Querfederstäbe, Stabilisator, vorn und hinten Gasdruckstoßdämpfer, Zahnstangenlenkung, vorn und hinten Scheibenbremsen, Reifen 165 HR 15, Felgen 4 1/2 J x 15 (Fuchs-Aluminiumfelgen); ab August 1968 Reifen 185/70 VR 15, Felgen 6 J x 15

Maße/Gewicht

Radstand/Länge 2211 mm/4163 mm, Breite/Höhe 1610/1320 mm, Leergewicht 1085 kg, mit Sportomatic-Getriebe 1100 kg; ab August 1968: 2268 mm Radstand, Leergewicht 1100 kg; ab August 1971: Radstand/Länge 2271/4147 mm, Leergewicht 1110 kg; ab August 1973: 4291 mm Länge

Fahrleistungen

Beschleunigung 0-100 km/h 7,6 s (Sportomatic: 9 s), Höchstgeschwindigkeit 225 km/h (Sportomatic 220 km/h); ab August 1971: Beschleunigung 0-100 km/h 7,5 s, Höchstgeschwindigkeit 230 km/h; ab August 1973: Beschleunigung 0-100 km/h 8 s, Höchstgeschw. 225 km/h

Bauzeit

1966 bis 1975

Stückzahl

5056 (Modellreihe mit 2,0 Liter-Motor und 160/170 PS)

Clubs

Eine Übersicht aller Clubs ist bei Porsche, Abteilung Clubbetreuung, Porschestraße 42, 70435 Stuttgart, erhältlich.

H-Reifen im alten Regenwurm-Kaliber 165 sind praktisch nicht mehr zu bekommen. Also geht die Tendenz zu den Querschnitten späterer Modelle mit den Maßen 185/70 oder 195/60 R 15. Da aber zwangsläufig auch die Gummimischung mit dem Grip von heute zupackt, sind Querbeschleunigung und der Bereich des recht neutralen Wohlverhaltens mit der Zeit ein gutes Stück heraufgegangen.

Darum bleibt auch so ein 35 Jahre alter Elfer seinen romantischen Revieren jenseits der Autobahn ein forscher Teilnehmer am Verkehr, der von anderen nicht die Höflichkeit vor dem Alter, sondern gehörigen Respekt verlangt. Mit einer Beschleunigung von null auf 100 in 7,0 Sekunden sprintet der 30jährige bei guter Kondition so temperamentvoll wie ein nagelneuer Mercedes SLK Kompressor oder ein Jaguar XK8. Auch bei der negativen Beschleunigung vermittels der vier Scheibenbremsen ist ein 911 S von 1966 so fit wie die guten Autos unserer Tage.

Seinerzeit bremste ihn *auto motor und sport* auf den schmalen Dunlop SP-Textilgürtelreifen mit einer Verzögerung dicht beim theoretischen Limit von 9,81 m/s2, und daran änderte sich auch bei heißer Bremse nicht sehr viel. Nur ein Pedaldruck von rund 50 Kilogramm wurde nötig.

Und viel vom Fortschritt der letzten 35 Jahre liegt darin, dass manche Dinge einfach leichter wurden, der Bremspedaldruck beispielsweise, die Lenkkräfte auch und die Belastung durch das Getöse des Boxers im Heck, der 1966 bei 200 km/h mit 89 Dezibel die Ohren malträtierte.

Nur eins ist dabei leider schwerer geworden: der 911 selbst. Wog 1966 ein 911 S, so wie ihn *auto motor und sport* testete, 1090 Kilogramm, so hat ein Porsche 911 Carrera Baujahr 2001 vier Zentner Speck angesetzt. Zur Beschleunigung von 1320 kg werden 3,4 Liter Hubraum und 300 PS benötigt.

Die dramatischste Zunahme aber erlebte der Preis. Von den 24 480 Mark des 911 S ging es in 35 Jahren auf 140 940 Mark eines aktuellen Carrera.

Text: Clauspeter Becker
Fotos: H. D. Seufert

Der alte Trend-Farbton Blutorange ist heute wieder hochaktuell.

PORSCHE
WW-AA 911

1974

Porsche 911 turbo

Volle Ladung

▶ *Beflügelt von einem Turbolader schaffte er Mitte der Siebziger den Sprung in die Bestenliste der Sprinter. Der turbo machte die Aufladung für Seriensportwagen hoffähig und ist ein technischer Meilenstein. Bis heute sind Turbo-Modelle die Imageträger der Marke Porsche.*

▶ **Noch heute gehört der Porsche turbo zu den schnellsten Serienautos.**

RA-CN 469

Lauritz Lauritzen bekam im Jahre 1974 die meisten Postkarten. Tausende schrieben an den damaligen deutschen Verkehrsminister, nachdem *auto motor und sport* in Ausgabe 5/1974 zur »Aktion Autobahn-Tempo« aufgerufen hatte. Alle forderten freie Fahrt, denn es schien, als wolle Lauritzen das im Rahmen der Energiekrise verordnete Autobahn-Tempo 100 zur Dauerlösung machen.

Mangelnde Benzinversorgung, Fahrverbote und Geschwindigkeitsbegrenzungen hatten die Autoindustrie zu Beginn der siebziger Jahre in die Knie gezwungen. Doch nun war der Treibstoff nicht mehr knapp. Im Hause Porsche wurde das von *auto motor und sport* angezettelte Postkarten-Bombardement auf den Minister mit Wohlwollen registriert, denn ein neuer Über-Porsche stand in den Startlöchern.

Im Herbst 1974 wurde er auf dem Pariser Salon unter dem Namen turbo präsentiert – der bis dato stärkste und schnellste Straßen-Porsche. Angesichts des noch immer angespannten politischen Umfelds kehrten die Zuffenhausener diese Qualitäten nie besonders hervor. Dr. Ernst Fuhrmann formulierte als Sprecher des Vorstands besonnen: »Man möchte nicht immer nur Wasser trinken, sondern auch mal ein Bier.« Doch die Fachpresse gab gnadenlos preis, dass es sich beim turbo eindeutig um hochprozentiges Feuerwasser handelte.

Durch das Doping mit einem Abgasturbolader war der Porsche 911 zum unschlagbaren Sprinter-Star geworden, und fortan wurde der Begriff turbo in allen Lebenslagen zu einem geflügelten Wort für Dynamik.

»Wir wollten ein gutes Basis-Auto für den Rennsport haben«, erinnert sich Wolfgang Berger, der damalige Leiter des turbo-Projekts, an die Entstehungsgeschichte. So orientierten sich die Techniker bei der Entwicklung nicht an den Qualitäten anderer Supersportwagen, sondern »maßgebend war, welche Forderungen die Rennsportabteilung vorgab und was daher homologiert werden musste«, sagt Berger.

Die Unterschiede zum normalen 911 gerieten so umfangreich, dass für den turbo firmenintern der Code 911 durch 930 ersetzt wurde. So zierten beispielsweise deutliche Kotflügelverbreiterungen die turbo-Karosse. Die zusätzlichen Rundungen erlaubten bei Sporteinsätzen nicht nur die Aufnahme breiterer Reifen, sondern brachten Porsches neuem Star auch einen Gewinn an erotischer Ausstrahlung – aus Uschi Glas war plötzlich Senta Berger geworden.

Noch markanter prägte der mit dicker Gummilippe versehene Heckspoiler die turbo-Silhouette. In Kombination mit einem dezenteren Frontspoiler wurde dadurch eine Reduzierung des Auftriebs um fast 100 Prozent erzielt. Und nicht nur das, der Heckspoiler avancierte wie bei den vorherigen Carrera-Versionen zu einem Imagesymbol.

Allerdings sah die englische Kundschaft in der überdimensionalen Aerodynamikhilfe auch eine willkommene

Historie

1972

Um in den Rennen der Division I in der Deutschen Rennsportmeisterschaft den Ford Capri und BMW Coupé Paroli bieten zu können, entschloss sich Porsche zum Bau eines speziellen Homologationsmodells. Dies führte zur Geburt des 1972 präsentierten Carrera 2.7 RS.

1973

Als zweiter Schritt folgte die Entwicklung eines Leichtbau-Coupés mit Turbomotor, wie es auf der IAA 1973 gezeigt wurde.

1974

Durch Änderungen der Sportgesetze im Jahre 1974 ergab sich jedoch die Forderung nach einem Mindestgewicht von 1120 kg, so dass die homologierte Version namens Porsche turbo luxuriöser und schwerer wurde, wie auf dem Pariser Salon 1974 zu sehen war.

Erweiterung ihres Picknick-Mobiliars. Eine Tasse Tee, direkt auf dem im Spoiler integrierten Lüftungsgitter abgestellt, blieb durch die nach oben steigende Motorwärme oft sogar längere Zeit angenehm temperiert – je nachdem, wie ungestüm der Fahrer zuvor dem turbo die Sporen gegeben hatte.

Denn mit einem turbo langsam zu fahren erfordert die Disziplin eines Asketen. Wenn der Sechszylindermotor gestartet wird, erklingt aus dem Heck zunächst das vertraute Geräusch des Elfer-Boxers. Speziell bei niedrigen Geschwindigkeiten filtern die geschulten Ohren eines 911-Kenners jedoch ein feines Säuseln und Zischeln heraus.

Ansonsten ist das Fahren im unteren Drehzahlbereich völlig undramatisch, der turbo gibt sich harmlos und hausfrauentauglich. Aber wehe, wenn das Gaspedal weiter durchgetreten wird, und der Zeiger des Ladedruckmessers ausschlägt. Nach kurzer Verzögerung scheinen plötzlich alle 260 PS bei Fuß zu stehen. Das Heck sackt ein, der Vorderbau hebt sich aus den Federn und das

Die Türverkleidung ziert sportlicher Karostoff (oben).

Im Turbo eine Kurve anbremsen – kaum ein Auto macht mehr Spaß (unten).

Auto wird mit einer kaum für möglich gehaltenen Vehemenz nach vorn gestoßen. Durch den vom Turbolader gelieferten Extraschub wähnt man sich in einer zu Tal rasenden Achterbahn, die plötzlich noch beschleunigt wird. Begeistert sprach die Fachwelt vom Turbohammer. Überhaupt fand die Art der, Leistungsentfaltung Lob. Das war bei den wenigen Turbo-Vorreitern anders. So

▶ Der Heckspoiler schließt mit einer nach oben gebogenen Gummilippe ab.

Der Sechszylinder-Boxermotor leistet satte 260 PS (links).

Hinten rollt der Turbo auf breiten 215er Pneus (rechts oben).

Die vorderen Radhänger sind leicht ausgestellt (rechts unten).

hatte der Schweizer Michael May Ford V6-Motoren mit einem Lader aufgerüstet, »aber die hatten, riesige Turbolöcher« erinnert sich Wolfgang Berger an damals durchgeführte Versuchsfahrten. Der verzögerte Leistungseinsatz nach dem Gasgeben entsteht, weil der Lader etwas Zeit benötigt, bis er den nötigen Druck aufgebaut hat. Der glücklose BMW 2002 turbo, den die Bayern kurzfristig im Programm hatten krankte ebenfalls daran.
Porsche verwendete einen kleinen und deshalb schneller ansprechenden Lader. Außerdem wurde der Hubraum des Motors von 2,7 Liter auf drei Liter erhöht. Der dadurch erzielte Gewinn an Drehmoment und Durchzugskraft half ebenfalls, das Turboloch ein wenig zu glätten. Zwar gab es bereits durch die CanAm-Rennen viel Erfahrungen mit Abgasturboladern, »doch einen Turbomotor serientauglich zu machen, war für uns absolutes Neuland«, erzählt Berger. Dementsprechend groß war das Pensum der Versuchsfahrer.
»Damals bestand die Erprobungsphase hauptsächlich aus Praxis, heute ist es umgekehrt«, sagt der ehemalige Projektleiter. Dabei fällt ihm spontan das unerfreuliche Ende einer Überführungsfahrt eines turbo nach Salzburg ein. Direkt vor dem Festspielhaus musste er das defekte Auto im Trubel der Veranstaltungstage abstellen und »ein Töpfchen unter den Motor schieben«, um das austretende Öl aufzufangen. Damit den Kunden solche Pannen erspart blieben, wurde bei der Konstruktion mit hohen Sicherheitsfaktoren gearbeitet. »Es fehlten Erfahrungen mit so leistungsstarken Straßenautos«, berichtet Berger.
Denn die 260 PS, die der aufgeladene Motor bei nur 5500/min leistet, standen gut im Futter. Mitte der sieb-

ziger Jahre sprintete der turbo schneller auf 100 km/h als alle hochkarätigen italienischen Sportwagen. Jene 5,2 Sekunden hielten sogar bis 1992 den Angriffen der nachfolgenden turbo-Generation stand. Selbst heute gehört der turbo noch zu den temperamentvollsten Straßenautos. Es ist berauschend, wie beim Gasgeben die Passagiere in den Schottenstoff des Gestühls gepresst werden, und wie ein leichter Druck aufs Gaspedal eine Steigung zum Gefälle macht.

Dennoch unterscheidet sich der turbo von damals deutlich von seinen aktuellen Brüdern. Der Alte ist ein Tier, und das Schnellfahren mit ähnelt einem Dressurakt. Konzentration und straff geführte Zügel sind Voraussetzung, um ihn zu beherrschen.

Im griffigen Lederlenkrad sind alle Fahrbahnunebenheiten als Stöße zu spüren, die um so intensiver sind, je höher das Tempo ist. Längsrillen verleiten das Auto zu Kursabweichungen, die einzukalkulieren sind, wenn man sich von Kurve zu Kurve katapultiert.

Leicht untersteuernd folgt der turbo der jeweils nächsten Biegung, aber die Fahrwerksreserven sind längst nicht ausgeschöpft. Schnelles Kurvenfahren bedeutet Nervenkitzel, denn stets erwartet der Fahrer mit Herzklopfen das unberechenbare Einsetzen der Turbokraft. Selbst Könner am Lenkrad haben Probleme, langgezogene Krümmungen im sauberen Drift zu nehmen und das plötzlich ausscherende Heck im Zaum zu halten. Doch auch wer es langsamer angehen lässt, gehört noch immer zu den Schnellen im Lande – auf Landstraßen wie auf der Autobahn. Hier tritt der turbo den Beweis an, dass tatsächlich seine vier Gänge genügen, um einen Geschwindigkeitsbereich bis 250 km/h abzudecken.

Dank des enormen Drehmoments von 35 mkg bei 4000/min, das dem eines Vierliter-V-Achtzylinders ebenbürtig ist, entsteht beim Fahren im großen Gang niemals ein Gefühl von Leistungsmangel. Der turbo ist zum Schnellfahren gebaut, und die damaligen Käufer haben es sicher nie bereut, eine Postkarte an Lauritz Lauritzen geschickt zu haben.

Text: Bernd Woytal
Fotos: H. D. Seufert

Daten & Fakten Porsche 911 turbo

▶ Motor
Sechszylinder-Boxermotor, Bohrung x Hub 95 x 70,4 mm, Hubraum 2992 cm^3, Verdichtung 6,5 : 1, Leistung 260 PS bei 5500/min, max. Drehmoment 35 mkg bei 4000/min, K-Jetronic, Abgasturbo, Ladedruck 0,8 bar

▶ Kraftübertragung
Hinterradantrieb, Vierganggetriebe

▶ Karosserie/Fahrwerk
Selbsttragende Karosserie, vorn Einzelradaufhängung an Querlenkern und Dämpferbeinen, hinten Einzelradaufhängung an Schräglenkern, vorn und hinten Drehstabfedern und Stabilisatoren; Zahnstangenlenkung; Scheibenbremsen; Felgen vorn/hinten 7 J x 15,8 J x 15, Reifen vorn/hinten 185/70 VR 15/215/60 VR 15

▶ Maße/Gewicht
Radstand/Länge 2272/4291 mm, Breite/Höhe 1775/1320 mm, Gewicht 1210 kg

▶ Fahrleistungen
Beschleunigung 0-100 km/h / 160 km/h in 5,2 / 11,8 Sekunden, Höchstgeschwindigkeit 250 km/h; Verbrauch 20,9 Liter/100 km

▶ Bauzeit
1974 bis 1977

▶ Stückzahl
3227

▶ Club
Eine Übersicht aller Clubs ist bei Porsche, Abteilung Clubbetreuung, Porschestraße 42, 70435 Stuttgart, erhältlich.

Front- und Heckspoiler reduzieren den Auftrieb um nahezu 100 Prozent.

1976

VW Golf I GTI

Golfrichtig

▶ *Kaum ein anderes Epoche machendes Auto aus den Siebzigern ist zurzeit so unterbewertet wie der Golf GTI der ersten Serie. Wer sich eines der wenigen erhaltenen Exemplare sichert, liegt garantiert golfrichtig.*

▶ **Das Rot der frühen Jahre: Den Ur-GTI gab es nur in zwei Farben. Bekannt wurde er vor allem in seiner rot-schwarzer Kriegsbemalung.**

GTI
VEC GT 91

Der Golf I war ein richtiges Kind seiner Zeit. Geboren zur Zeit der Ölkrise, geriet der Hoffnungsträger des Volkswagen-Konzerns so nüchtern und pragmatisch wie die Ostpolitik der sozialliberalen Koalition. Die kantige Form wirkte neben dem antiquierten Käfer und der zweifelhaften 411/412-Baureihe erfrischend modern. Nüchtern war auch die Motorisierung des Fronttrieblers. 50 PS – der 1303 hatte schließlich auch nicht mehr – sollten für den normalen Golf-Käufer reichen. Für gehobene Ansprüche gab es den neuen Volkswagen mit der 70 PS starken 1,5-Liter-Maschine. Mehr Leistung war 1974 unstatthaft.

Zum Glück dachten nicht alle so. In der Forschungs- und Entwicklungsabteilung von VW, intern FE genannt, überlegte eine Hand voll Ingenieure, wie man den Golf in ein leichtes, preisgünstiges Sportgerät verwandeln könnte. Irgendwann fand der Plan Gnade vor den Augen des mächtigen Entwicklungschefs Ernst Fiala. Ein gelb lackierter Golf, angetrieben von einem auf etwa 100 PS erstarkten 1,5-Liter-Triebwerk, diente als Prototyp. Ein tiefer gelegtes Fahrwerk mit sechs Zoll breiten Rädern und eine Innenausstattung mit Recaro-Sitzen und Sportlenkrad vervollständigten den Ur-GTI.

Schon 1975 liefen mehrere Prototypen mit dem rund 100 PS starken Vergaser-Motor. Einer diente sogar beim Eifelrennen am Nürburgring als Pace-Car. Ein offizieller Entwicklungsauftrag wurde aus dem GTI-Projekt aber erst im Mai 1975. Kurz zuvor hatte der neue VW-Chef Toni Schmücker, eigentlich kein Freund schneller Autos, dem GTI seinen Segen erteilt. Die Bezeichnung GTI war damals freilich noch nicht erfunden, das Projekt erhielt den prosaischen Namen EA 195.

Wer sich das geniale Kürzel ausgedacht hat, ist nicht überliefert. Die Namen TS und GTS waren für den schnellen Golf noch bis kurz vor der IAA 1975 im Gespräch. Der präsentierte Prototyp hieß freilich GTI, allerdings noch in befremdlich dicken Chromlettern an den Kühlergrill geheftet.

Sonst aber entsprach der IAA-GTI weitgehend dem späteren Serienmodell. Er war in Marsrot lackiert, das Spucknapf-Lenkrad und die schwarzen Kotflügelverbreiterungen waren schon vorhanden, genau wie die schwarze Folie rund um die Heckscheibe. Nur unter der Haube war der GTI noch keiner. Der Einspritzmotor aus dem Audi 80 GTE stand erst ab Februar 1976 zur Verfügung. Selbst nach dem Aufsehen, das der Prototyp auf der Frankfurter Ausstellung erregt hatte, stand die Serienproduktion des GTI noch nicht endgültig fest. Angekündigt wurde der Start für März 1976, letztendlich liefen im Juni die Bänder an.

Historie

1975
Auf der IAA im Herbst zeigt VW einen Prototypen des Golf GTI.

1976
Im Juni beginnt die Serienproduktion.

1977
Erstes Facelift durch kunststoffumhüllte Stoßstangen, zahlreiche Detailänderungen.

1978
Erneutes Facelift, voluminösere Stoßstangen, Ökonometer in der Instrumenteneinheit.

1979
Fünfganggetriebe wird Serienausstattung, Golf I Cabriolet auch mit GTI-Motor lieferbar.

1980
Vergrößerte Heckleuchten, neues Armaturenbrett und Vierspeichen-Lenkrad, Viertürer lieferbar.

1982
Hubraumvergrößerung auf 1,8 Liter, Leistung 112 PS.

1983
Im Mai so genannte »Pirelli«-Sonderserie, danach Produktionseinstellung.

▶ **Die sportlichste Front der siebziger Jahre – mit GTi-Marke im mattschwarzen Kühlergrill.**

Alles original: Spucknapf-Lenkrad und Radio für 245 Mark Aufpreis.

Für VW-Verhältnisse war die Ausstattung des Serienmodells komplett. Die Radios zu Preisen zwischen 245 und 595 Mark waren die einzige Möglichkeit, mehr als den Grundpreis von 13 850 Mark für den GTI auszugeben. Auch die Farbwahl stellte keinen vor Probleme: Die Käufer konnten ihr Auto allein in Marsrot oder Diamantsilbermetallic bestellen.
Dieser allerersten Serie entstammt auch das hier gezeigte Exemplar von Burkhard Kruse aus Steinfeld. Rot, schwarzrot karierte Sitze, schwarzer Himmel, Spucknapf, Original-Radio, sogar der Aufkleber des Osnabrücker Händlers, der den Wagen am 21. Dezember 1976 auslieferte, alles ist noch da. Fast scheint es, als sei an diesem GTi nur die Bereifung ersetzt worden.
»So ganz stimmt das nicht«, gesteht der 34-jährige Holztechniker: »Der linke Kotflügel ist neu, und der Mengenteiler der Einspritzung stammt von einem jüngeren GTI. Dafür hab ich jetzt auch keine Heißstart-Probleme mehr.« Die Einspritzanlagen der ersten Serie neigten

▶ **VW-Slogan 1976: Auto, Motor und Spaß.**

5,5-Zoll-Räder und schwarze Streifen waren mal sportlich.

zu Dampfblasenbildung, erklärt der VW-Fan den nicht originalgetreuen Umbau.

Erstanden hat er den GTI vor fünf Jahren bei einem VW-Händler. Der wollte 1450 Mark für den Gebrauchtwagen, die Kruse anstandslos bezahlte. Schließlich hatte der rote Golf trotz dreier Vorbesitzer erst 90 000 Kilometer auf dem Tacho. Der gute Zustand berechtigte zu der Vermutung, dass die Zahl auch der Wahrheit entsprach. 15 000 fast problemlose Kilometer sind seither dazugekommen.

Die erste Fahrt in dem neuen Auto führte Burkhard und Nicole Kruse gleich zum großen GTI-Treffen an den Wörther See.

Fahrten zu Treffen und in den Urlaub blieben in den nächsten Jahren die Hauptbeschäftigung des Einser-GTI. Für Alltagsfahrten hält der Familienfuhrpark einen Golf II GTI und ein Polo Coupé bereit.

Ein GTI-Treffen im niederländischen Baarlo, traditionsgemäß eher von der Tiefer-Breiter-Fraktion besucht, blieb den beiden besonders lebhaft in Erinnerung: »Die Ordner wollten uns nicht auf den Platz lassen«, lacht Nicole Kruse. »Das ist doch ein normaler Golf, behaupteten sie!«

Erst ein Blick unter die Motorhaube überzeugte die Platzwächter davon, dass auch unter dieser unscheinbaren Hülle ein Einspritz-Triebwerk arbeitet. Einen GTI ohne ultrabreite Räder, dicke Kotflügelbacken und Subwoofer in der Heckablage hatten sie noch nie gesehen. Kein Wunder, nicht nur auf GTI-Treffen sind unverbastelte Einspritzer der ersten Serie ein seltener Anblick. Von den über 460 000 gebauten Golf I GTI befindet sich vielleicht noch ein Promille in so gutem Originalzustand wie das Auto der Kruses.

Als Yuppie-Auto gestartet – immerhin kostete der GTI rund 50 Prozent mehr als ein ordinärer 50-PS-Golf – stieg der Sport-Golf ebenso schnell die soziale Autoleiter hinab, wie der Rost sein rotes oder silbernes Kleid zerfraß. In Dritt- und Viertbesitz mutierte die kantig-elegante Form aus der Feder des Großmeisters Giugiaro zum aufgeblasenen Disco-Renner. Die Metamorphose ruinierte den Ruf und trieb die Haftpflichtprämien für alles, was ein GTI-ähnliches Kürzel im Namen trug, in beträchtliche Höhen.

Auf den Verkaufserfolg des GTI hatte das erstaunlicherweise keinen messbaren Einfluss. Rund 180 000 Golf I GTI wurden zwischen 1976 und 1983 in Deutschland zugelassen. Die Nachahmer ließen auch nicht lange auf sich warten. Beim Erscheinen des GTI standen die Konkurrenz-Modelle von Opel und Ford bereits in den Startlöchern. Doch der Golf GTI bügelte die erst heck- und später frontgetriebenen Opel Kadett GT/E und Ford Escort nicht nur in allen Vergleichstests, er ließ ihnen auch bei den Verkaufszahlen keine Chance. »Den besten Sitzen, dem agilsten Motor, dem niedrigsten Verbrauch und der höchsten Spitze stehen keine gravierenden Schwächen gegenüber. Der beste Kompromiss für ein Alltagsauto«, attestierte *sport auto* dem GTI in einem Vergleichstest mit Audi 80 GTE, Ford Escort RS 2000 und Opel Kadett GT/E in der September-Ausgabe von 1976. Dem ist bis heute nichts hinzuzufügen. Der GTI von '76 fährt sich immer noch erstaunlich modern, der Motor reagiert sensibel aufs Gas, das Fahrwerk ist agil und komfortabel und die Sitze sind in einem neuen Golf V6 4motion auch nicht wesentlich besser. So gesehen lagen die Tester damals schon golfrichtig.

Text: Heinrich Lingner
Fotos: Jörg Künstle

▶ **Fahrer anderer sportlicher Kompaktautos bekamen den schnellen Volkswagen meistens nur von hinten zu sehen.**

▶ **Die erste GTI-Serie trug noch Blechstoßstangen.**

Daten & Fakten Golf I GTI

▶ Motor
Reihenvierzylinder, zwei Ventile pro Zylinder, betätigt über eine zahnriemengetriebene, oben liegende Nockenwelle, mechanisch geregelte Bosch K-Jetronic-Einspritzung, Bohrung x Hub 79,5 x 80,0 mm, Hubraum 1588 cm^3, Leistung 81 kW (110 PS) bei 6100/min, max. Drehmoment 137,3 Nm bei 5000/min

▶ Kraftübertragung
Vorderradantrieb, Einscheiben-Trockenkupplung, Viergang-Schaltgetriebe

▶ Karosserie/Fahrwerk
selbsttragende Stahlblech-Karosserie, vorn Einzelradaufhängung an Querlenkern und Federbeinen, hinten Verbundlenkerachse, vorn innenbelüftete Scheibenbremsen, hinten Trommeln, Felgen 5,5 J x 13, Reifen 175/70 HR 13

▶ Maße/Gewicht
Länge/Radstand 3705/2400 mm, Breite/Höhe 1628/1390 mm, Gewicht 875 kg

▶ Fahrleistungen/Verbrauch
Beschleunigung 0-100 km/h in 9,4 s, Höchstgeschwindigkeit 185 km/h, Verbrauch 9,5 L/100 km

▶ Club
1. Original Golf I IG, Telefon 053 22/90 17 17, http://www.golf1IG.de

Schnelle Landstraßenfahrten waren immer schon die Lieblingsdisziplin aller GTI.

1980

Audi Quattro

Quattro forte

▶ *Der Urquattro hat das Audi-Image neu definiert und wurde im Rallye-Sport zum Mythos. Dann geriet er in Vergessenheit. Jetzt, 20 Jahre später, beginnt seine zweite Karriere als Liebhaberauto.*

▶ **Kraftpaket. Der bullige Bayer ist so kräftig, wie es seine mächtigen Backen vermuten lassen. Sein aufgeladener Fünfzylinder-Motor leistet 200 PS.**

Es ist wie die Begegnung mit einem alten Freund nach vielen Jahren. Etwas seltsam Vertrautes stellt sich ein, als ich den lhasagrünen Audi Quattro auf einem Feldweg am Rand einer Waldlichtung stehen sehe. Die Abendsonne bringt den Metallic-Lack zum Glühen. Wir haben ein Rendezvous, der Quattro und ich, zum Fahren und zum Fotografieren.

Beinahe hätte ich vergessen, dass es diese, einst hochgradig beachteten Autos noch gibt, denen man im Straßenverkehr verzückt nachschaute. Ja man hörte sie, bevor man sie sah, der unregelmäßige Zündabstand des Fünfzylinders verbunden mit einem wohlkomponierten Auspuffton erzeugt einen unerhört sonoren, kraftvollen Sound: Quattrophonie.

Heute sind die Quattro aus dem Alltag verschwunden, seit der Ruhm zusammen mit dem Lack verblasste und ihm aufgetakelte Audi GT-Coupés die Würde nahmen. Mag sein, dass unter diesen verflossenen Pseudo-Quattro auch ein paar echte waren, denen die Zeitläufte übel mitgespielt haben, trotz seiner Seltenheit, seines Meilensteincharakters und seines stets sehr selbstbewussten Neupreises. Ich darf den Quattro, ein frühes Modell von 1982 fahren, zum ersten Mal in meinem Leben, was mich mit einem gewissen Prickeln erfüllt. Der Eindruck ist überwältigend, er lehrt mich, dass es noch etwas anderes gibt als sanftes Dahingleiten.

Vor allem das tiefe Auspuffgrollen animiert immer wieder zu Zwischenspurts. Ich schalte gern und viel, habe an den wechselnden Tonlagen des Motors ebenso Freude wie am neutralen, agilen Eigenlenkverhalten und der direkten Servolenkung. Ich fühle mich angekommen, irgendwie geborgen, vielleicht weil meine erste große Auto-Liebe Audi hieß?

Kaum eine Neuheit mit Ausnahme des NSU Ro 80 genoss mehr Publicity, blitzschnell wurde das erste High-Performance-Serienauto mit permanentem Allradantrieb zum Mythos. Wie ein Kurzfilm laufen in meinem Gedächtnis Szenen zum einst berühmten Audi ab: Ich sehe die Testberichte vor mir, blättere imaginär in dem Prospekt, den ich damals als Trophäe hütete. Ich blende die Rallyeszenen, Anfang der achtziger Jahre ein, schlaglichthaft erscheint mir Michèle Mouton in San Remo 1982. Ich erinnere mich genau an den einzigen Audi Quattro in meiner Kleinstadt, der unscharf an mir vorüberzieht, portorosé-metallic und mit den markanten Fuchs-Fünfsternfelgen ausgerüstet, geschmiedet nach Art des Hauses versteht sich. Der Lhasagrüne vom Quattro-Kenner Hans Vierlbeck hat die Serienräder von Ronal, gegossen

Historie

1977
Start des Audi-Allrad-Projekts EA 262, Basis ist der VW Iltis.

1978
Bau von zwei Versuchsträgern A1 und A2 auf Audi 80-Basis.

1979
A3 als GT-Coupé.

1980
Quattro-Debüt auf dem Genfer Salon.

1982
Differenzialsperren-Betätigung über Unterdruck statt Seilzüge.

1983
Durchgehende Rechteck-Scheinwerfer, LCD-Instrumente.

1984
Acht-Zoll-Räder.

1985
Schräggestellte Frontpartie, ABS Serie.

1987
Selbstsperrendes Torsendifferenzial, 2226 cm^3, Hydrostößel, wassergekühlter Turbolader.

1989
Zweite Generation des Urquattro mit 220 PS 20-V-Motor, G-Kat.

1991
Auslauf im Mai.

Die imposante Front schafft einen agressiven Auftritt.

und eine Spur zu breit, um wirklich original zu sein, denn er ist Baujahr 1982. Eindrucksvoll wirkt der Urquattro gerade heute.

Wie ein schroffer, kantiger Fels ragt er im Straßenbild aus dem Meer aerodynamisch optimierter Rundungen hervor. Seine Linienführung symbolisiert maskuline Aggressivität aus allen Perspektiven: die imposante Front mit den markanten quadratischen Doppelscheinwerfen und einem Kuhfänger als Frontspoiler, die gestreckte Seitenansicht mit den betonten Kotflügelverbreiterungen und das hohe Heck mit dem wuchtigen Spoiler. Keine Frage, diese Linien suggerieren Kraft und Stärke, aber die Eleganz, normalerweise typisches Wesensmerkmal eines Sportcoupés kommt dabei zu kurz.

Hartmut Warkuß, seinerzeit Audi-Chefdesigner und für das Urquattro-Design verantwortlich, rechtfertigt die herbe Schönheit heute mit den Worten: »Es sollte kein Chi-Chi-Auto sein, es sollte nicht die Eleganz, sondern sein Können in den Vordergrund bringen. Die herausmodellierten Kotflügelverbreiterungen sollten optisch darstellen, dass da unten etwas passiert, nämlich Allrad permanent, Traktion und Fahrdynamik pur.«

Der Mythos Quattro entspringt nicht seinem Design aus dem Markenbaukasten. Vielmehr macht ihn seine Ent-

Instrumententafel vom Audi 80, Allradtastatur auf der Konsole.

Athlet mit Muskeln: markante Kotflügel-Verbreiterungen.

Grünes Monster: Der Quattro wirkt nicht nur von hinten böse.

wicklungsgeschichte zur Legende, machen es seine Fahreigenschaften und die spannende Widersprüchlichkeit seiner Konzeption. Denn zum Preis eines Luxus-Coupés erwartet man kein braunes Hartplastik. Allenfalls die

feine und üppige Velourspolsterung überzieht das funktionale und bisweilen gar improvisiert wirkende Ambiente mit einem Hauch Gediegenheit. Statt eines richtigen Schiebedachs gibt es nur gegen Aufpreis eine herausnehmbare Blechluke. Der VW-Audi-Baukasten schimmert allenthalben durch, gnadenlos endkalkuliert bis zum blechernen Ventildeckel des Fünfzylinders. Wir stecken alles Geld in die Technik und nichts in die

▶ **Vierrad-Waffe Nr. 2: der kurze 20 V-Sport-Quattro von 1984.**

Ausstattung, so könnte eine Eintragung ins Lastenheft der Quattro-Projektleiter Jörg Bensinger und Walter Treser gelautet haben. Es war Bensingers Idee, Leiter des Audi-Fahrwerkversuchs, ein Auto zu entwickeln, das den effektiven Iltis-Allradantrieb mit überlegener Motorleistung verbindet – ein Gran Turismo nach Alfetta GT-Vorbild. Als Nebeneffekt sollte dieses EA 262-Projekt das Audi-Image von den Fesseln der Biederkeit befreien, die Grenzen des Audi 200 überwinden und den Slogan »Vorspung durch Technik« innovativ untermauern.

Das gefiel Audi-Technikvorstand Ferdinand Piëch, der grünes Licht gab und einen bescheidenen Etat, weshalb man Parallelentwicklungen wie den Turbomotor des künftigen Audi 200, die Karosserie und das Interieur des

Das 20 V-Cockpit: optisch ähnlich, im Detail verfeinert.

geplanten Audi GT-Coupés nutzen und den genial-einfachen Iltis-Allradantrieb mit Hilfe eines Mitteldifferenzials samt sophistischer Hohlwelle zähmen musste. In drei Jahren war der Quattro serienreif, die Presse reagierte euphorisch. Warum, durfte ich selbst erleben.

Text: Alf Cremers
Fotos: Stefan Wolf

Daten & Fakten Audi Quattro

Motor

Fünfzylinder-Reihenmotor, längs eingebaut, eine oben liegende Nockenwelle Abgas-Turbolader KKK 26 mit Ladeluftkühlung, Ölkühler, Bosch-K-Jetronic, Hubraum 2144 cm^3, Bohrung x Hub 79,5 x 86,5 mm, Leistung 200 PS bei 5500/min. Drehmoment 28,5 mkg bei 3500/min

Kraftübertragung

Permanenter Allradantrieb, Mittel- und Hinterachsdifferenzial manuell sperrbar, Fünfganggetriebe

Karosserie/Fahrwerk

Selbsttragende Ganzstahlkarosserie, vorn und hinten Einzelradaufhängung an McPherson-Federbeinen, Schraubenfedern und Querlenkern, Querstabilisatoren. Vierrad-Scheibenbremsen, vorn belüftet, ZF-Servolenkung über Zahnstange, Räder 6 oder 7 J T 15, Reifen 205/60 VR 15

Maße/Gewichte

Länge/Breite/Höhe 4404 x 1723 x 1344 mm, Radstand 2524 mm, Spur 1418/1451 mm, 1335 kg

Fahrleistungen/Verbrauch

Beschleunigung 0-100 km/h 7,2 s, Höchstgeschwindigkeit 222 km/h, Verbrauch 12-16 Liter Super

Club

1. Urquattro-Club, Telefon 045 31 / 18 80 21, http://www.urquattro-club.de

Elf Jahre Evolution, letzter Quattro 1991.

1983

Porsche 911 Carrera

Ohne Filter

▶ *Alle Orakel hatten ihn längst abgeschrieben. Doch dann setzte der tot geglaubte Elfer 1983 zu neuen Höhenflügen an. Sein attraktiver Preis macht ihn heute noch begehrenswerter.*

▶ **Weißer Riese:** Der zwischen 1983 und 1989 gebaute Porsche Carrera mit 3,2 Liter-Motor gilt als der letzte klassische Elfer.

Zugegeben. Es gab andere, die waren sicherer. Die hatten 1983 längst ein Lenkrad, das sich aufblies, wenn es krachte und Bremsen, die stotterten wie ein Pennäler beim Aufsagen lateinischer Vokabeln.

Der Grand-Prix-weiße Carrera dagegen kennt keinen Airbag. Er besitzt kein ABS, keine Antriebsschlupfregelung und verzichtet auf jegliche elektronische Traktionskontrolle. Die Sensoren und Aktoren sitzen in persona hinter dem Steuer: Alle Macht geht bei ihm noch vom Fahrer aus. Und nicht von Mikroprozessoren.

Ein kurzer Dreh am Zündschlüssel genügt. Im Heck beginnt es zu grummeln. Satt, stark und gar nicht böse. Im Gegenteil: Ganz zahm gibt er sich beim Losfahren in der Stadt. In das ständige Stop-and-go reiht er sich ein, völlig unspektakulär. Porsche-Novizen, die bei jedem Elfer ein unablässig schleuderndes Heck erwarten, beginnen schon zu gähnen.

Sollen sie Gas geben! Aber erst, wenn 13 Liter feinstes Motoröl wohl temperiert sind. Dann spüren sie, was passiert, wenn die Nadel des Drehzahlmessers senkrecht nach oben zeigt, die Vier überstreicht und stetig weiter steigt.

Nein. Der Carrera hat keinen Turbo. Aber er entfesselt sich, als hätte er die ganze Bürde des Stadtverkehrs von sich geschüttelt, voller Hoffnung auf freien Auslauf. Er kreischt nicht. Er brüllt vor Freude.

Und lockt mit einer besonderen Spezialität. Kurven zirkelt der Elfer-Pilot nicht nur mit dem Lenkrad aus. Er kann auch mit der Hinterachse steuern – sofern er seinen rechten Fuß ausreichend unter Kontrolle hat.

Piloten wilder, früher 911-Generationen belächeln den Carrera ab und an. Sie verleumden ihn als wohl erzogenen Softie und spotten, er habe das Rebellische seiner Jugend verraten, seine bissige Renitenz gegen etablierte Automobiltechnik endgültig aufgegeben. Dabei hat bei ihm eine Evolution in Zeitlupe den alten Geist gerettet, den andere längst über Bord geworfen hatten. Er ist reifer geworden, verzichtet auf bösartige Tücke. Was bleibt, ist Fahrspaß pur.

Dabei ist die alte Schule noch deutlich zu spüren. Die Wurzeln des Carrera führen in direkter Linie auf den Haken schlagenden frühen 356 zurück. Doch Porsche hat es verstanden, seinen Heckmotor-Sportler über die Jahre auf gute Manieren zu trimmen. Helmuth Bott, Entwicklungsvorstand und 911-Förderer, übernahm zusammen mit Renn-Chef Peter Falk erfolgreich die Erziehung: Selbst auf rasche Lastwechsel reagiert der Sportwagen im Alter distinguierter, ohne seinen Charakter leugnen zu können – und zu wollen.

Historie

1983

Präsentation des 911 Carrera als Coupé, Targa und Cabriolet. Das Coupé gibt es auch im Turbo-Look.

1984

Erstmals gibt es den 911 in Deutschland mit geregeltem Katalysator. Der Motor leistet dann nur 207 PS. Zum Coupé werden auch Targa und Cabriolet im Turbo-Look offeriert.

1985

Porsche übernimmt zehn Jahre Garantie gegen Durchrosten. Und drei Jahre Gewähr auf den Lack sowie zwei Jahre auf das übrige Fahrzeug ohne Kilometerbegrenzung.

1986

Der 911 Carrera erhält eine hydraulisch betätigte Kupplung und ein neues Fünfganggetriebe, das sich leichter schalten lässt.

1987

Mit Werks-Kat leistet der Motor 217 PS.

1988

Den Carrera kommt auch als Speedster.

1989

Im Juli endet die Produktion. Es folgt der Carrera 4.

Es geht ganz einfach. Bleibt der Fuß auf dem Gas, läuft der Carrera wie auf einer Schiene durch die Kurven, krallt sich in den Asphalt und treibt ein wenig nach außen, so sanft untersteuernd, dass ein leichtes Gegenhalten am Lenkrad reicht.
Hebt der Fahrer in einer Kurve dagegen den Fuß, wird plötzlich das Heck agil: Es will nach außen. Mit Nachdruck drückt es den Carrera in die Kurve. Doch erst Exzesse führen in den Grenzbereich, der jenseits dessen beginnt, was auf frei befahrbaren Straßen zuträglich ist. Langweilig ist der 911 in seiner gereiften Evolutionsstufe deswegen keineswegs. »Nach wie vor wird schnelles Fahren im Carrera zur kampf-sportähnlichen Betätigung«, notierte Wolfgang König damals in *auto motor und sport* nach seiner Testfahrt: »Pedalerie und Lenkung verlangen energisches Zupacken, und die Fahreigenschaften des Porsche-Oldies umfassen das gesamte Repertoire des bei Autos üblichen Eigenlenkverhaltens – von kräftigem Untersteuern bis zum effektvollen Auspendeln der Hinterhand.« Neutral wäre langweilig.

▶ »Faltenbalg« nennen Porsche-Experten den 911 von 1983.

So spürte der leuchtend weiße Carrera, der im August 1989 als letztes Exemplar seiner Serie durch die Zuffenhausener Werkstore gerollt war, bereits nicht mehr den Puls seiner Zeit. Durch ihn wehte immer noch ein Hauch von Käfer, seinem Urahn, von dem er sich über vier Jahrzehnte in kleinen Schritten emanzipiert hatte. Dem Carrera wuchsen die Pedale noch aus dem Bodenblech wie 1949 – für die Füße war es damals schon längst ungewohnt. Der Schalthebel schien noch direkt aus dem Käfer geschraubt, als kurze Joysticks in der Mittelklasse bereits up to date waren.
Schon seit Jahren hatte die Ampel für den luftgekühlten Boxer auf Gelb gestanden, als sich Porsche Anfang der Achtziger doch für ein 911-Revival entschied. Ernst Fuhrmann, der Porsche-Boss der Siebziger, hatte mit eiserner Hand an der Ablösung des Klassikers gearbeitet.

Die typischen Stoßfänger gingen mit dem Carrera in ihre letzte Runde.

Das Fuchs-Rad ist ein Klassiker, seit 1967 erhältlich.

Der Lenker der Sportwagenmanufaktur kritisierte das Konzept mit Heckmotor und luftgekühltem Boxer als zu antiquiert, um fit für die Zukunft zu sein. Fuhrmann ernannte den 928 als designierten Erben des Elfers, und nicht nur *auto motor und sport* hatte 1979 über das nahe Ende des klassischen Porsche orakelt. Nachdem Fuhrmann 1980 seinen Sessel räumen musste, stiegen die 911-Aktien sofort wieder. Peter W. Schutz, sein Nachfolger, verehrte den Luftgekühlten. Und erkannte, dass es für die treue Porsche-Klientel keine Alternative gab. Den bauchigen 928 lehnte sie kategorisch als Nachfolger ab.

So zündete Schutz 1983 beim 911 eine weitere Stufe. Der SC war passé – mit dem klangvollen Name Carrera erinnerte Porsche wieder an seine legendären Erfolge beim mexikanischen Straßenrennen Carrera Panamericana. Wenige optische Retuschen mussten reichen, und so sah das Achtziger-Jahre-Layout des 911 dem bereits 1973 vorgestellten Faltenbalg-Modell zum Verwechseln ähnlich. »Die Legende ist lebendiger denn je«, schrieb Porsche über seine Anzeigen.

Unter dem Blech jedoch hatte sich einiges getan. Eine langhubige Kurbelwelle, die im Prinzip aus dem Turbo

stammte, sorgte für einen Zuwachs an Hubraum von drei auf 3,2 Liter, gleichzeitig erhöhte sich die Verdichtung von 9,8:1 auf 10,3:1. Der Boxer lieferte nach dieser Kur 231 PS bei 5900/min an die nahe liegenden Hinterräder. Jetzt konnte der Sportwagen mit bis zu 250 km/h über deutsche Autobahnen eilen, obwohl das eigentlich gar nicht das Ziel war, wie Paul Hensler 1983 zugab: »Wir wollten eigentlich nur den Verbrauch um rund zehn Prozent senken«, erklärte der Chef-Motorenplaner damals, »und dabei ist uns die Leistung um etwa den gleichen Betrag hochgerutscht.«

▶ Freiheit, die ich meine: Der 911 Carrera zählte zu den begehrten Lifestyle-Accessoires.

Eine Entschuldigung mit Augenzwinkern. Der Drittel-Mix nach DIN, so veröffentlichte Porsche stolz, sei von 10,4 auf ganze 9,8 Liter gesunken. »Bei nicht gerade zurückhaltender Fahrweise wurden im Testbetrieb durchschnittlich 13,6 Liter pro 100 km verbraucht«, lobte auch Tester Gert Hack. Der Wert beeindruckt noch heute. Ihn verantwortet die damals neueste Generation der Bosch

Motronic, die all die Zustände optimiert, die im Motor mit Strom und Sprit zusammenhängen.

Das tat Porsche gut. Denn zur Präsentation des Carrera hatte die Umweltdiskussion einen neuen Gipfel erklommen: Bilder kahler Mittelgebirgskuppen geisterten durch die Presse, und unter dem Begriff Waldsterben kulminierten die Zukunftssorgen. Das Verbrechen an der Natur schien rasch geklärt: Auf der Anklagebank fand sich das Automobil.

Porsche verteidigte sich mit Taten. Die Erfahrungen auf dem amerikanischen Exportmarkt, in den zur Mitte dieser Jahre weit über die Hälfte der Produktion floss, beschleunigten die Einführung des »Katalysator-Konzepts«. Die Leistung war auf 207 PS reduziert, weil die Tankstellen unverbleites Benzin mit den notwendigen 98 Oktan noch nicht flächendeckend anboten. Besonders beliebt war diese Variante nicht: Nur jeder dritte Käufer orderte die umweltfreundliche, aber 2000 Mark teure Alternative.

Mit dem Carrera eliminierte Porsche auch die anfälligen Kettenspanner, deren Ausfall 911-Piloten seit jeher teure Motorschäden beschert hatten. Das neue Aggregat versorgte die Kettenspanner mit Öldruck aus dem Hauptölkreis; eine Lösung, die durch ihre Zuverlässigkeit einen der wenigen Schwachpunkte des Boxers beseitigte.

Aus der Distanz der Jahre zeigt sich heute deutlich, wie handgestrickt der Carrera war. Jedes Detail berichtet darüber: Neue Schalter hatten die Konstrukteure zwischen und unter den Instrumenten verteilt – eben dort, wo sich noch ein Platz fand. Den einen hoch, den anderen quer: Es war nebensächlich.

Zwei Plätze, die niemanden zu Verrenkungen zwingen wollen, nur weil sie in einem Sportwagen montiert sind. Die Langstrecke wird nicht zur Qual.

Das Finish litt unter solchen Skurrilitäten nicht, im Gegenteil. Schwäbische Handwerker zählen seit jeher Qualität zur Grundfeste ihrer Berufsehre. Nur rentabel war es nicht: »Das ist mehr eine Künstlerwerkstatt als eine Autofabrik«, gab Porsche-Chef Schutz offen zu. In der Sportwagen-Manufaktur hatte es 1987 erheblich gebebt, nachdem der Dollar in den Keller gesackt war – Ford, Fiat und Daimler-Benz galten bereits als potenzielle Übernahmekandidaten des kleinsten deutschen Autoherstellers. Daraus wurde nichts, und selbst der totgeglaubte Elfer überlebte die Krise. Dabei mutierte er allerdings zu einem Industrieprodukt, designt auf Tradition und vermarktet als Lifestyle-Objekt. Die Nonchalance der alten Hallen fehlt längst: Seit 1989 laufen alle Elfer in einem hoch automatisierten, milliardenteuren Karosseriewerk vom Band.

So ist aus dem Grand-Prix-weißen Carrera längst ein Zeitmesser geworden, der von Porsches Geschichte berichtet. Er vereint das Unvereinbare, mixt Tugend und Lust zu einem Cocktail mit Suchtgefahr. Der Carrera ist der letzte Porsche ohne Filter. Er zählt zum kleinen Kreis der Schnellen, die großen Spaß versprechen, ohne Kopfschmerzen zu bereiten: Er hat Bremsen im Weltklasseformat und sogar ausreichend Platz für das Verreisen zu zweit – mit Skiern auf dem Heck und viel Spaß mit einer enormen Traktion selbst auf Schnee. Vollverzinkt!

Der Carrera ist kein Spieler. Er fordert seinen Fahrer. Mit ihm auf Tour zu sein ist wie abends mit dem Hund übers Feld toben. Nach Hause kommen. Und glücklich sein.

▶ Luftgekühlter Freudenspender: Boxer mit 3,2 Liter Hubraum.

Text: Thomas Wirth
Fotos: Reinhard Schmid

Daten & Fakten Porsche 911 Carrera

▶ Motor
Luftgekühlter Sechszylinder-Boxermotor, Hubraum 3164 cm³, Bohrung x Hub 95,0 x 74,4 mm, Leistung 231 PS bei 5900/min, mit geregeltem Katalysator (Mehrausstattung) 207 PS bei 5900/min (ab 8/1986: 217 PS bei 5900/min), zwei oben liegende Nockenwellen, Bosch Motronic

▶ Kraftübertragung
Heckantrieb, voll synchronisiertes Fünfganggetriebe, Einscheiben-Trockenkupplung, ab 8/1986 hydraulisch betätigt

▶ Karosserie/Fahrwerk
Selbsttragende Karosserie, Einzelradaufhängung mit Gasdruckdämpfern und Drehstabfederung vorn und hinten, vorn an Querlenkern und Dämpferbeinen, hinten an Schräglenkern; vier Scheibenbremsen, Reifen (Serie) vorn 185/70 VR 15 (ab 8/1986: 196/65 VR 15; ab 8/1988: 205/55 VR 16), hinten 215/60 VR 15 (ab 8/1988: 255/50 VR 16)

▶ Maße/Gewicht
Radstand/Länge 2272/4291 mm, Breite/Höhe 1652/1320; Leergewicht 1200 kg, Zuladung 300 kg (ab 8/1986: 330 kg)

▶ Fahrleistungen/Verbrauch
Höchstgeschwindigkeit 235 bis 247 km/h; Testverbrauch 13,6 Liter Super/100 km (auto motor und sport, Heft 18/1983)

▶ Bauzeit/Stückzahl
1983 bis 1989 / 49 629 Exemplare

▶ Club
Eine Übersicht aller Clubs ist bei Porsche, Abteilung Clubbetreuung, Porschestraße 42, 70435 Stuttgart, erhältlich.

Ein schönes Heck, ohne Frage. Nur etwas leicht wurde ihm ab und an.

WI S 507 H